KUANGQU MEITAN KAICAI
DUI JIANZHUWU
KANGZHEN XINGNENG RAODONG YANJIU

矿区煤炭开采对建筑物抗震性能扰动研究

白 春◎著

河海大学出版社
HOHAI UNIVERSITY PRESS
·南京·

图书在版编目(CIP)数据

矿区煤炭开采对建筑物抗震性能扰动研究 / 白春著
. -- 南京：河海大学出版社，2022.12
ISBN 978-7-5630-7874-5

Ⅰ.①矿… Ⅱ.①白… Ⅲ.①煤矿开采-影响-矿区
-建筑物-抗震性能-研究 Ⅳ.①TD22

中国版本图书馆 CIP 数据核字(2022)第 245802 号

书　　名	矿区煤炭开采对建筑物抗震性能扰动研究
书　　号	ISBN 978-7-5630-7874-5
责任编辑	杜文渊
特约校对	杜　浪　杜彩平
装帧设计	徐娟娟
出版发行	河海大学出版社
地　　址	南京市西康路 1 号(邮编：210098)
电　　话	(025)83787763(编辑室)　(025)83722833(营销部)
	(025)83787763(编辑部)
经　　销	江苏省新华发行集团有限公司
排　　版	南京布克文化发展有限公司
印　　刷	广东虎彩云印刷有限公司
开　　本	718 毫米×1000 毫米　1/16
印　　张	15.25
字　　数	290 千字
版　　次	2022 年 12 月第 1 版
印　　次	2022 年 12 月第 1 次印刷
定　　价	78.00 元

CONTENTS ———————目录

1 绪论 ·· 001
　1.1 研究背景及意义 ···························· 001
　1.2 煤矿采动灾害对建筑物损害研究现状 ········ 005
　1.3 主要存在的问题 ·························· 018
　1.4 主要研究内容 ···························· 019
　1.5 技术路线 ································ 021

2 采动影响下振动台试验设计与模型制作 ·········· 023
　2.1 引言 ·································· 023
　2.2 相似理论 ································ 024
　2.3 模型设计 ································ 029
　2.4 结构模型相似关系 ························ 036
　2.5 模型主体及其他配件设计 ·················· 039
　2.6 模型吊装上振动台 ························ 042
　2.7 本章小结 ································ 044

3 采动影响下建筑结构振动台试验研究 ············ 045
　3.1 研究目的与内容 ·························· 045
　3.2 数据采集与加载方案 ······················ 046
　3.3 模型动力特性分析 ························ 056
　3.4 模型动力响应分析 ························ 060
　3.5 动力破坏试验研究 ························ 087
　3.6 机理分析 ································ 089
　3.7 本章小结 ································ 090

4 采动影响下建筑结构数值模拟分析 ·············· 092
　4.1 引言 ·································· 092

4.2 数值模拟理论 ……………………………………………… 093

4.3 采动灾害下建筑物损害分析 ……………………………… 097

4.4 仿真分析与试验结果对比 ………………………………… 126

4.5 本章小结 …………………………………………………… 131

5 土-结构相互作用的理论分析 …………………………………… 132

5.1 引言 ………………………………………………………… 132

5.2 土-结构相互作用机制 ……………………………………… 132

5.3 土-结构相互作用简化理论分析模型 ……………………… 134

5.4 土-结构相互作用对结构的影响 …………………………… 138

5.5 考虑土-结构相互作用的建筑物系统运动方程 …………… 143

5.6 本章小结 …………………………………………………… 145

6 土-结构相互作用的采动影响下结构抗震性能研究 …………… 146

6.1 引言 ………………………………………………………… 146

6.2 考虑土-结构相互作用的有限元分析参数 ………………… 146

6.3 煤矿采动影响下结构抗震性能分析 ……………………… 152

6.4 土-结构相互作用的采动影响下结构倒塌破坏研究 ……… 207

6.5 本章小结 …………………………………………………… 221

7 结论、创新点及展望 …………………………………………… 223

7.1 主要结论 …………………………………………………… 223

7.2 创新点 ……………………………………………………… 226

7.3 研究展望 …………………………………………………… 226

参考文献 …………………………………………………………… 227

1 绪论

1.1 研究背景及意义

1.1.1 研究背景

我国历经煤炭行业多年发展已跃居为世界最大产煤国之一,煤炭资源作为我国的主要能源,一直推动着我国经济社会持续快速发展[1-5]。2004 年 6 月 30 日,我国《能源中长期发展规划纲要(2004—2020)》在国务院常务会议审议中获得通过[2],此纲要中着重强调如下两点:第一,煤炭在未来十五年依旧是推动经济快速发展的战略能源;第二,在巩固并发展煤电的同时,着力推动建立油气与新能源并举的新能源战略格局。中国工程院在"中国能源中长期(2030、2050)发展战略研究"咨询项目中指出,根据我国当下的经济与国民工业结构特征,煤炭在能源结构比例中依然是最大的,这种趋势可能会持续到 21 世纪 50 年代或者更长的一段时间。根据文献[2],由我国主要能源结构(如图 1.1 所示)及能源消费数据(如图 1.2 所示)可知,煤炭资源在当下及未来仍然是推动中国国民经济稳中求进、稳中向好、高质量发展的重要战略资源。

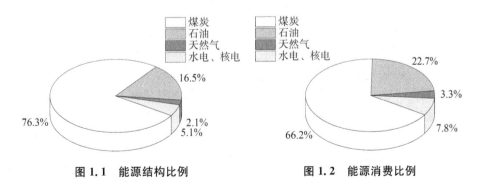

图 1.1 能源结构比例   图 1.2 能源消费比例

根据图 1.1 和图 1.2 可以看出,在能源开采与使用方面,煤炭仍然是各行各业的第一大能源,其生产占比可达 76.3%,消费占比可达 66.2%,煤炭资源对国民经济社会可持续发展发挥着巨大推动作用。"十三五"期间,在世界经济增速疲软及国内经济变革正经历由中高速向高质量转型发展的大背景下,能源结构随经济结构的调整而变化,国家出台各项政策不断完善、优化我国能源产业结构,推动一次能源(如煤炭)向高质量、可持续方向发展,着重强调煤炭资源仍然是我国重要的战略主体资源[6-8]。如何既能高效合理地开采地下煤炭资源,又能降低采动灾害对地面工程结构的影响,为我国社会经济的健康、可持续发展不断地注入新动力显得尤为重要,同样也是"一带一路"能源开发必须面对和解决的问题,但煤炭资源在开采过程中会对周边的建(构)筑物造成严重影响,煤炭开采后留下的地表不均匀沉降等采动灾害问题越来越突出。

煤炭行业为矿区及周边地区带来社会与经济效益红利的同时,煤炭资源开采所导致的一系列环境问题、地质灾害问题,严重威胁着矿区建筑结构的安全性与稳定性,引起社会效益、经济效益和生态环境保护三者之间的众多矛盾。如果考虑到"三下压煤"(水体、铁路与道路、建筑物)这个焦点问题,那么采动灾害所造成的破坏就更为严重,挑战更为严峻。我国煤炭品种多样化,煤炭资源储量位居世界前列,但作为世界第一的人口大国,已探明的人均储量不到世界人均占有量的五分之一,仅"三下压煤"量就达 139 亿吨,其中煤炭生产区建筑物下储煤量多达 87.6 亿吨,占整个"三下压煤"量的 63%,煤炭资源的开采率不足 42%,徐州矿业集团的建筑物下压煤量为 4.9 亿吨,占集团总产量的 50%[9]。既要对建筑物周边地域的压煤进行合理开采,又要降低采动灾害对建筑物的影响。

据有关统计资料显示[10],中国每年因煤炭开采诱发的各类灾害超过 1 万多起,造成巨大的人员伤亡及经济损失,更严重的还会引发大量的次生灾害(地下水位下降及污染、地面裂缝及塌陷、地面建筑开裂破坏、矿震等)。以沙峪煤矿 2# 煤层为例,该煤层顶板为砂岩其孔隙率较大,在开采过程中采用矿坑排水,地下水的流径被破坏而改道,已严重影响到了周边的企业及居民生产生活用水。以七台河矿区某机械厂为例,在采空区(地下煤炭或煤矸石采出后残留的空间)影响范围内,该企业办公楼周围发现地裂缝有 20 余处[如图 1.3(a)],大多数裂缝宽度可达 1.5~2cm,沉降裂缝下沉值深 1 cm,最宽处下沉值可达 5 cm;附近耕地中频现宽度 8~22 cm 的裂缝[如图 1.3(b)],沉降裂缝下沉值深 14 cm,最宽处可达 40 cm[如图 1.3(c)],房屋出现不同程度的损坏[如图 1.3(d)],对矿区人民生命财产造成巨大的威胁。目前,中国矿区由于采动灾害引起的地面建筑物损坏直接经济损失将近 50 亿元,搬迁、征地补偿等间接经济损失更是高达400 多亿元。内蒙古赤峰建昌营煤矿煤炭储量 4 500 万吨,生产能力 45 万吨/年,经过 5 年的开采,矿区周边开始出现地面塌陷,居民住房出现不同程度的裂缝,矿山企业与附近居民的关系日趋紧张并引发了诸多社会矛盾。资源短缺的紧迫性与矿山开采安全性的刚性制约,使得深入开展煤炭开采区采动灾害对地面建筑结构影响的研究显得尤为重要。

（a）地面裂缝

（b）农田裂缝

（c）农田塌陷

（d）房屋裂缝

图 1.3　煤炭开采引起的灾害

近十多年,神木市作为煤炭主产地之一,随着煤炭资源的高强度开采,该地的采空区面积已经累积到 650 000 km^2,多达 23 万亩耕地在煤炭开采中被破坏。2013 年 4 月 26 日,陕西神木发生里氏 3.3 级地震,诱发神木的一处煤炭采空区发生塌陷导致地面下沉,矿区运煤专线遭到严重下沉损坏,专线上的裂缝数量众多,延伸长度达到 500 m,现场勘测显示裂缝的最大下沉值为 2 m,10 cm 以上的裂缝多达 15 处,行驶在路上的多辆运煤车陷入坑中。当陕西神木拉响"生态呼救"的警报时,素有"黑金省份"之称的山西现存采煤沉陷区域将近 300 万公顷,被称为"血色黑洞"。曾经被誉为"中国古代文化博物馆"的山西其全省面积156 700 km^2,地下悬空的黑洞占据了全省面积的 20%,相当于中国的台湾地区,而采空区边缘地带分布着大量建(构)筑物,长期经受采动灾害的影响。2011年 8 月 15 日,山西省吕梁地区作为一个主产煤区,其中有一个名叫庞庞塔村的地方,一个生机盎然的乡村因采空区塌陷一夜之间整个村落陷进了"血色黑洞"中。类似的"不适合人类居住的村庄",在山西超过 700 个,昔日的"煤式经济"变成了今日的"霉式经济"。甘肃省砚峡村,改革开放后统计的可用耕地为 270 公顷,随着当地煤炭资源的粗放式开发,破坏的农田多达 250 公顷,将近 92.6% 的耕地因采动灾害导致地面大面积沉降而无法耕种,当煤炭资源开采完毕后会面临无地可种的困局[10-11]。

以黑龙江四大煤城为例,这几座城市都是"因煤而立",地下煤炭开采已经持续了几十年,四大煤城地下采空区为黑龙江省之最,采空区面积将近 500 km²,多达 60 万人的生产生活受到不同程度的影响[11]。七台河市自 1958 年逐渐演变为以煤炭工业为主导的城市,经过 25 年的发展晋升为省辖市,为支持国家经济建设累计产煤 3 亿吨,但煤炭开采残留的采动灾害问题给当地可持续发展埋下了巨大的安全隐患。鹤岗市作为国家重要的煤炭基地,从 1945 年开始采煤,到目前为止累计产煤为 6 亿吨。鹤岗的煤层厚度为 39~86 m,煤层数量较多,厚煤层居多,开采之后的采空区上覆岩层不稳定,极易发生崩塌。据不完全统计,该地累计沉陷区域将近 70 km²,在沉陷较为严重的地方有 6 m 多宽的裂缝,最大深度接近最小煤层厚度。目前该市的采空区塌陷速度为 1.3 m/年,其影响范围正在逐年扩大,严重影响着采空区边缘地带正常的生产与生活。鸡西矿区的建设与开发时间远早于七台河与鹤岗,作为黑龙江省"四大煤城"之首,煤炭开采历时将近 100 年,形成了 120 km² 的采空区,由采动灾害引起的地表塌陷面积累计达 193 km²,其危害性不言而喻,影响范围之广令人瞠目结舌。双鸭山因矿而兴,由于长期的煤炭开采,造成大面积采空区,据统计,采空区总面积达 133.23 km²,地面塌陷灾害点 57 处。煤矿采空区大多分布在建成区周边,部分甚至延伸至建成区内,给城市安全带来巨大隐患。

科研工作者历时多年对我国的大多数采空区进行实地考察,初步计算了我国采煤沉陷区的平均塌陷系数(每开采一万吨煤炭引起的采空区沉陷面积)为 0.25(公顷/万吨),煤炭开采直接损失系数(每开采一吨煤炭所造成的经济损失)为 1~1.7(元/吨)。仅 2002 年间,全国新增采空区塌陷面积为 300 km²,给产煤区造成 20 亿元的巨大经济损失[7]。若将全国的主要产煤区因采动灾害而造成的经济损失进行统计,累计可达 500 亿元。尤其在一些重点采煤地区,采动灾害而导致的地表沉陷面积约为地区煤层面积的 10%。目前,国内外采用人均塌陷面积估算矿区沉陷灾害严重程度,计算方法为利用采空区塌陷面积除以矿区人口基数。以技术与管理较为先进的山西焦煤集团为例,因采空区塌陷造成的人均房屋损坏面积为 4.8 m²,人均塌陷面积接近 11.5 公顷。萍乡矿业作为江西省的煤炭行业的佼佼者，因采空区塌陷而造成的人均房屋损害面积高达 14.9 m²。山西作为煤炭资源大省，也是全国优质动力煤产地，高强度煤炭资源开发的同时也面临采空区塌陷灾害的威胁，从 20 世纪 80 年代至今的 40 多年间，其采煤累计达 70 亿吨，约占全国的 1/4，巨大"黑金"生产的背后却换来了 16.28 万公顷的"血色黑洞"。据有关资料统计表明，煤炭开采后形成的采空区逐年塌陷，导致地下工程、采空区上方的农田及各种地面设施遭到严重损坏，预计经济损失达 23 亿元。国有重点煤矿技术相对成熟，管理经验较为先进，在进行煤炭资源开采的同时，持续对矿山进行生态修复以降低采空区地质灾害。山西所处华北地震带有活跃趋势[12-13]，一旦发生地震灾害，如此大面积的采空区在动力扰动下发生塌陷或下沉，将对地面及采空区边缘地带的工程结构和人口带来灾难性隐患。

1.1.2 研究意义

矿区地面工程结构所处地质环境较为复杂多变，不可控和突发性因素较多，煤炭资源开采的紧迫性与矿山开采安全的刚性约束，对建筑物下煤炭资源高效开发利用是极其严峻的挑战。我国东西方向临近两条地震带，分别是环太平洋地震带和欧亚地震带，近几十年的地震观测数据显示，该区域地震较为活跃和频繁[12-13]。统计资料表明，中国 70%～80% 以上的矿区基本都分布在有抗震设防要求的地带，位于采空区边缘地带的工程结构，需要研究由地震、采动对其引起的各种影响，这样不仅增进了采动区建筑物保护理论的发展，同时也为评价采空区边缘地带是否进行工程建设及对矿区建筑物损害前期的预防保护提供参考性建议。

通过对煤矿采动灾害影响下建筑结构抗震性能劣化规律的研究，对于进一步减轻和控制煤炭开采区地表建筑物的损害，保障矿区工程建设土地资源高效集约利用及推广利用矿区土地资源，节省矿区移民搬迁费用，促进采动影响区城市建筑总体规划技术的发展等诸多方面具有极其重要的意义。不仅可以合理地解决"三下压煤"与地面建筑物保护的矛盾，更高效地回收与利用建筑物下压煤，提高煤炭资源的开采率。同时为矿区建筑物损害前期的安全控制及抗震设计提供科学依据。

1.2 煤矿采动灾害对建筑物损害研究现状

减缓采动灾害对建筑物的影响，国外最早从控制地表移动变形着手。关于矿区建筑物在煤炭开采引起地表移动变形影响下的防护及灾变问题,国内外矿山灾害学专家经过多年研究已取得了长足发展。德国是最早进行该领域研究的国家,Kratz 教授出版的 *Mining Damage and Protection* 一书,到目前为止仍然是国内外专家学者研究采动灾害对建筑物影响的重要理论基础。波兰由于受到苏联的影响,侧重于煤矿绿色开采技术"条带法"的不断改进,力求多出煤、地表变形小。英国和日本探索"房柱式"采煤法进行地下煤炭开采,但该方法受采深影响较大,深度越大,采出率越低[14-15]。国外关于采动灾害影响下建筑物灾变防控的研究开展的相对较早,Marc C,Betournay 和 Gilbride L J 等[16-17]通过建立三维仿真模型,研究煤炭开采后形成的采空区在逐渐塌陷过程中的地表移动变形规律。Dzegniuk B 和 Nishida N 等[18-19]经过多年对德国西部的 Zeche Zollverein 矿区的建筑物变形损害研究,提出了采动灾害影响下的建筑物损害评价体系及其相应的加固与控制措施。Helmut Kratzsch[20]详细分析了煤矿采动影响下地表移动变形与地下水位变化对建筑物、工农业和交通路线的影响及损害。Eray Can[21]等学者以采空区范围内的砌体结构为研究对象,认为采空区上覆岩层在下沉过程中引起地表移动,对传统的砌体结构影响较大,且破坏开裂部位主要集中在门窗洞口处。Agnieszka Malinowska[22]基于分类回归树理论(Classification and Regression Tree,CART),以煤炭开采区的混凝土结构为研究对象,提出了一种评估建筑物损伤鉴定方法。中国煤炭科学研究总院的崔继宪最早开始进行对采动区建筑物保护的研究。之后,我国各大科研院所的专家学者相继开始了该方向的研究,其中以中国矿业大学、辽宁工程技术大学、河南理工大学、西安科技大学等煤炭院校为代表。

中国矿业大学的夏军武、邓喀中等建立采动岩体动态力学模型,开展了采动灾害影响下的地表变形规律研究,提出了地表变形区移动变形计算理论。河南理工大学的梁为民、郭增长基于深部开采理论,对深部开采地表移动规律进行了比较系统和细致的研究,通过概率密度函数法预计深部开采下的地表移动和变形。该方法在深部开采中预计地表移动和变形在国内外尚属首次,它补充和完善了开采沉陷理论。西安科技大学的余学义团队多年致力于采动损害研究,将 Knothe 理论与计算机仿真技术相结合,建立了"三下采煤"安全性评价数学模型,优化出安全、经济的开采方案,促进了矿区的可持续发展。辽宁工程技术大学的杨逾和苏仲杰教授依托矿山沉陷灾害防治实验室,进行了采动灾害影响下的地表移动与建筑物协同变形研究,其中刘书贤教授科研团队致力于采空区边缘带建筑物,在采动灾害与地震灾害作用下的灾变防控关键技术研究。青岛理工大学的于广明团队,主要对矿山开采防护与地表沉陷治理进行研究。

1.2.1 采动灾害下地基-基础-上部结构相互作用

采动灾害影响下的建筑物上部结构产生变形,一般包括两种变形:第一种变形是,由结构自重及作用在构件上的荷载所引起的常规变形。第二种变形是,源于煤炭开采后形成的采空区,其上覆岩层逐渐下沉引起地基土体变形,通过基础以附加变形或附加应力的形式作用于上部结构,采动引起的变形要远大于常规变形。关于采动灾害引起的变形机理国内外专家学者进行了大量研究。Wolf,Toki,Zeman 等学者[23-26]通过结构仿真技术,引入 Desai 薄层单元与 Goodman 界面单元模拟上部结构与地基的接触作用,将采动灾害引起的变形以静荷载的形式施加到地基与上部结构的接触面之间,可以将采动变形传递到上部结构。Ngo 和 Scordelis[27]在文献[23-26]的研究基础之上,将地基与上部结构接触面定义为两个节点,两节点之间通过两个相互正交的弹簧链杆连接,可以较好地模拟采动灾害影响下接触面上的切向刚度与法向刚度的变化。Taylor[28]利用无厚度单元模拟地基与基础的接触面,对采动灾害下引起的地基土体变形与基础底面的滑移和不协同变形进行了深入研究,该方法更接近采动灾害下的地基-基础相互作用机理。Fakharian 等[29]通过相似材料试验,认为采动灾害下的地基与基础的接触面间存在显著剪切错动带,应考虑该位置处土体的应力-应变变化关系,故提出利用薄层单元定义接触面,通过薄层单元耦合本构模型,在提高仿真精度与建模合理性的同时,可以模拟地基土体在采动灾害影响下产生不同变形状态时的动态接触状态。Desai[30]为了更好地模拟采动灾害影响下地基-基础接触面间切向与法向动态变形特性,经过现场实测与试验,认为对于接触面定义的单元要设置合理的劲度系数,而单元厚度的取值会影响劲度系数,其取值应为界面厚度的 $0.01 \sim 0.1$ 倍。

袁迎曙、秦杰等[31-32]通过剪切变形试验,对采动灾害影响下的地基土体变形与基础接触面的动态滑移进行了深入分析,初步建立了考虑接触面滑移效应的力学模型。Deck[33]通过对采动区边缘地带的工程结构进行变形监测,数据表明由采动灾害引起的地基土体变形,首先通过基础变形抵消掉一部分变形,之后再传递到上部结构。提出了上部结构与土体的强相互作用模型,认为地表变形只是部分传递给了上部结构。研究采动灾害对上部结构的影响,重视地基与基础的协同作用是关键。

邓喀中等[34]对采动灾害影响下的建筑物地基-基础相互作用力学机制进行了深入探讨,并结合现场实测资料,对采动灾害影响下的地基反力分布规律及特征进行研究。研究结果表明,采动灾害下土体变形量的大小、建筑物的刚度、地基土体的性质、建筑所处开采沉陷盆地的位置等因素都会影响建筑物地基变形。结合影响因素,采取相应的保护措施,对于拟建工程以提高建筑物的抗变形能力和减小地基变形传递作用为主,对于原有建筑物,可通过千斤顶或加固等人工调整方式减小基础变形。谭志祥等[35-37]基于矿山开采沉陷学、材料力学、土动力学等理论,通过数值模拟与相似材料试验,提出了采动灾害影响下的地基-基础-上部结构相互作用力学模型,在文献[34]的基础之上,对不同采动灾害影响因素下的附加应力变化规律进行了研究,用 VB 语言编制了相应的计算程序,初步推导了建筑物裂缝宽度与采动灾害下的地表移动变形表达式,为采动灾害影响下的工程结构损害评定与安全评估提供了计算依据。

谭勇强[38]通过对采动区砌体结构研究发现,由采动灾害引起的地表变形有三种:拉伸、压缩和曲率,引起的移动有两种:水平方向和垂直方向的移动,以上简称"三种变形,两种移动"。其中曲率变形容易引起砌体结构开裂,因为地基土发生曲率变形后,压缩模量减小,地基土压力会发生再次重分布,基础边缘切入地基中,建筑物的下沉量大于该处地表下沉量。中国矿业大学的夏军武[39]建立了采动灾害影响下的地基-基础-钢框架三维有限元模型,对采动灾害下三者的协同作用影响机理进行了研究,研究结果表明:采动灾害影响下,上部结构常规变形与地基变形的叠加效应是引起结构产生附加内力和附加变形的主要因素。若地基为软土地基或建筑物位于开采沉陷盆地压缩变形区,则叠加效应较为显著;若建筑物位于开采沉陷盆地拉伸区,叠加效应对上部结构的附加内力将减小。

河南理工大学郭文兵[40]以采动灾害影响下的输电线塔为研究对象,建立地基-基础-输电线塔力学协同作用模型,通过研究输电线塔在采动影响下的附加应力及变形特征,并结合计算实例对模型进行了验证,为后续系统的研究采动区输电线塔在采动灾害影响下的破坏机理提供了理论支撑。王彦星、梁为民[41-44]通过理论分析,研究了采动灾害下建筑物的变形机理。在采动扰动下,地基与基础的接触状态被改变,若从改善接触状态入手,一定程度上可减缓上部结构的变形,因此提出了增湿法。根据湿胀原理使局部地基软化,可有效改善基础与地基的接触状态,达到减轻采动灾害对建筑物损害的目的。谭晓哲[45]对采动灾害影响下的输电线塔传统基础进行了改进,将其设置为开孔复合板基础,并对传统基础与改进后两种类型的地基-基础进行相似材料试验,对比分析塔架构件在采动灾害影响下的内力变化及变形特性,相较于传统独立基础,开孔复合板基础能够有效抵抗采动灾害引起的地表移动变形,并通过优化分析,给出了开口复合板在不同地质土条件的最佳板厚,为采空区工程配电建设安全性评价提供了参考性建议。薛玉洁[46]依托有限元数值模拟法对采动区建筑结构常用的筏板基础、柔性复合地基进行改进,提出了使用复合桩基减缓采动灾害引起的地基土体变形对上部结构的影响,并对其进行了可行性研究,结合所研究矿区的地质情况,计算出了桩径及桩长的最优范围,在降低工程成本的基础上,提高了地基承载力与抗剪能力。孟宁宁[47]结合某采空区工程实例,通过结构仿真方法建立地基-基础-上部结构三维数值模型,选用筏板基础,在采煤沉陷区残余变形影响下,分析了不同基础厚度和刚度,为采空区边缘地带拟建工程设计提供了参考。高峰[48]以肥城矿业采空区砌体结构住宅楼为研究对象,利用有限元软件 ANSYS,研究采动灾害下的地基沉陷对该类建筑的影响,并推导了采动灾害影响下的附加弯矩与附加剪力计算公式。结果表明,通过增设强基础梁,增加圈梁、构造柱的数量,增大截面和配筋率,门窗洞口处设置加强带或延长过梁,可提高工程结构的整体性,避免出现应力集中部位,可减少因采动灾害造成的裂缝。

1.2.2 采动灾害对地表扰动研究进展

国内关于开采建筑物下压煤,如何有效控制采动灾害对地表影响做了大量研究,目前,主要的措施有以下三种。

(1)条带开采法

通过采-留交替进行,为维护上覆岩体的稳定,煤层不完全开采,留下的称为预留煤柱。开采前需要根据岩层物理属性设计好开采条带与预留条带的宽度,保证预留条带有足够的能力支撑上覆岩层的重量,煤炭开采后对地表变形影响较小,达到保护上部建筑物的目的。波兰的 Soslo-Wttz 煤矿和苏联的 Yakov Sverdlov 煤矿在 20 世纪 30 年代开始使用此方法在城市、村镇下采煤,并持续对该区域地表变形进行观测,下沉系数一般低于 0.1,该区域建(构)筑物及公路,在采动影响下保持完好,极少数为一级损害。该项开采技术经过在国外多年的发展,取得了丰富的实践经验,我国抚顺矿务局于 20 世纪 60 年代将该技术引入到胜利煤矿,先后在抚顺、徐州、平顶山等全国 20 多个矿区,150 多个工作面采用此技术,初步解决了建筑物下压煤开采难题,并取得了丰硕的沉陷变形观测数据及研究成果[49-54]。条带开采适合于潜水位,能够达到对建筑物防护的目的,但是其采出率一般为 40% 左右,掘进工艺复杂。

(2)充填开采

充填开采作为解决建筑物下压煤的重要手段之一,既可充分利用煤矿开采过程中产生的煤矸石、粉煤灰等废弃物,又可达到减缓采空区上覆岩体下沉的效果[55-56]。20 世纪 70 年代后期,国外率先发展充填开采技术,德国的 Val

Sumon 煤矿将粉煤灰、煤泥等工业废弃细料制备成膏体浆回填到采空区,下沉系数约为 0.12[57-59]。波兰采用水砂充填,利用水力将水泥、沙子、块石、炉渣等废弃物输送到井下形成膏体与覆岩、煤柱协同作用形成支撑体系,减小围岩和煤柱变形的目的。波兰将该技术用于 Silesia 城市下采煤,下沉系数位于 0.1~0.15 之间,有效控制地表下沉,因此在保证建筑物轻微损害的前提下,提高了三下煤炭资源采出率,增加了矿井的服务年限[60-61]。

随着我国经济结构转型升级,近年来出台各项政策、规范引导煤矿企业转变发展观念,"既要金山银山,也要绿水青山",鼓励矿山企业采用矿井回填技术。国务院有关部委联合发布了国能煤炭〔2013〕19 号文件,强调了关于使用"回填技术"进行"三下压煤"的开采。该技术对中等厚度以下的煤层可实现较高的回采率,其中中厚煤层不低于 85%,薄煤层不低于 90%。若开采对象为之前的留设煤柱,利用矸石回填,仍然可以取得较高的回采率,可高达 75% 左右。通过该技术既可实现矿山治理能力现代化,又可解决矿山环境的污染与破坏问题。尤其对减缓采空区上覆岩层的下沉具有显著的效果,因采动灾害造成的次生灾害风险也得到有效管控,更好地保护矿山生态环境,更好地保护采空区上面及其边缘地带的建(构)筑物。经过数十年的发展与改进,矿井回填技术已经渐趋成熟,关键在于对充填材料的选择,应用较多的充填材料有煤矸石、高水材料及似膏体。我国在邢台矿区实行边采边充技术,充实率将近 80%,地面建筑影响甚微。山东岱庄煤矿有限公司在村庄下采用充填技术采煤,煤炭采出率为 70%,在充填率不低于 90% 的条件下,房屋损害均在 1 级范围内。临矿集团在田庄煤矿进行高水材料充填采煤技术试点,实测地表最大下沉值为 34 mm。该技术能够有效地控制地表沉陷,但也有不足之处:设备配置费用较高、充填材料需要连续供应、充填后的采动区需要做密封处理,且材料抗风化及抗高温能力差,长期稳定性差,应根据企业技术及区域经济情况进行合理选择。

(3) 协调开采

其基本原理为对煤层进行上下分层,两层煤在开采时错开一定的距离,抵消部分地表变形,各开采区域在空间、时间上进行布局优化,最大限度地减少开采对地表的影响。近年来,国内外学者先后对该领域进行了研究,并取得了一定的研究成果。波兰与苏联先后采用协调开采对城市地下煤柱进行开采,使建筑物位于沉陷盆地的平底部位。山东兖州矿业在吴官庄村下采煤,采用区间协调开采,采区间留设一定数量的煤柱,开采深度为 260~350 m,地面村庄户数 495户,建筑物面积 50 000 m²,地面建筑物大多数都在 Ⅱ 级损害以下。另外,在峰峰矿区也进行了协调开采保护建筑物的试验,房屋损坏轻微,实践证明采动灾害对建筑物的损害得到有效控制。但是协调开采有以下不足之处,对生产管理者要求较高,地表沉陷控制量有限[62-63]。在西安科技大学余学义教授指导下,郭文彬博士[64]基于协调开采原理,以孟加拉国 Barapukuria 采区为工程背景,通过现场实测、实验室模拟等手段,分析了煤层、顶板和含水层厚度对协调开采宽度和高度的影响,给出了分层错距协调布置方案,避免了在开采过程中覆岩不稳定下沉,严重扰动地表设施。刘文生、杨逾、赵德深等[65-67]采用离层注浆技术可减缓、稳定地表变形,但与该技术有关的离层理论有待完善,离层位置预测技术不够成熟,相关减沉计算方法尚待统一。

1.2.3　建筑物抗采动灾害防护措施研究进展

我国矿区中建筑物多数为砖混结构或木结构,房屋结构大多为多层建筑,为使采空区下沉不影响建筑物正常使用,满足使用安全要求,在煤炭开采或开采后需要对建筑物采取专门的防护措施。德国和波兰最早在 19 世纪末开始研究抗变形保护措施,到 20 世纪 50 年代,将抗变形技术应用于矿区建筑物,并相继颁布了多项指导性文件来指导矿区沉陷影响范围内的建筑物维修和加固。相对于国外,我国抗变形技术研究起步较晚,1978 年由中国煤科院牵头开始着手该领域的研究,经过 40 多年的发展,我国的采动灾害防护逐渐形成了以局部偏刚、整体偏柔、兼顾实用为原则的理念,目前,常用的防护措施有以下几类。

（1）刚性防护措施

从采动灾害影响下房屋损害情况来看,损害多集中在门窗洞口处,并从这些部位向纵深发展。因此,对于多层砌体结构其整体性较差,墙体中布置构造柱,每层设置圈梁,构造柱与圈梁之间相互连接,增强结构的抗变形能力。砖混结构的薄弱部位(外墙角、错层处、纵横墙)应设置构造柱以加强整体性,同时注意构造柱截面尺寸,配筋要结合工程所在地的抗震设防及地表变形进行调整。德国与英国在开采前使用钢拉杆对结构进行加固,采空区边缘地带拟建的建筑物侧重于圈梁与构造柱加固,提高建筑物的整体性,最大限度地减少搬迁、重建所增加的经济负担。

（2）柔性防护措施

该类措施主要是为了提高上部结构与地基的协调变形性,减小采动灾害影响下传递到上部结构的附加变形。目前常用的措施是设置变形补偿沟,阻断因采动灾害引起的地表压缩变形,减少地表土体对基础埋入部分的压力。苏联、德国、中国均使用过此技术。近几年,鹤壁煤炭资源的开发受到"三下压煤"的困扰,鹤煤集团采用变形补偿沟的方法率先尝试在公路桥下采煤,为得到对比分析数据,仅对桥的一端进行设置,另一端作为参照点。之后对该区域地表及桥体进行长期变形监测,监测数据结果表明:与未设补偿沟的端部相比,385 mm 的压缩变形被补偿沟所抵消,变形补偿沟能够有效控制地表压缩变形对桥体的影响,且拱脚处未见明显裂缝。此外,还有变形缝、水平滑动层等防护措施。变形缝通常为垂直缝,根据工程结构的建筑体量及所处地质情况进行设置,仅对上部结构断开,而基础不切断。上部结构被切割为几个独立的单元,提高建筑物适应地表变形的能力。在水平变形区域新建抗变形建筑物,同时设置水平滑动层(石英砂、聚乙烯膜),位于地基与基础之间减小二者的摩擦力,有效限制地表水平移动对基础和上部结构的影响。中国煤炭科学研究院对水平滑动层建筑进行了大量试验,并应用到多个矿区建筑物,取得了较好的抗变形效果。柔性防护措施一定程度上可以增强建筑物抗地表水平变形能力,但因采动灾害引起的不均匀沉降问题仍尚待解决。

(3) 其他措施

除以上措施外,有关采动灾害影响下建筑物防护措施的发展有了较多的新提法。山西阳泉的"百团大战"纪念碑,采用千斤顶竖向调节基础,抵抗不均匀沉降。兖州矿务局与中国煤炭科学研究院联合设计的抗变形盒子房屋,可实现灵活搬迁。辽宁工程技术大学的刘书贤教授[68],基于矿山开采沉陷学、材料力学、结构动力学等理论,提出了一种隔震抗变形力学装置,并对该装置的抗竖向不均匀沉降能力与水平抗震耗能进行了研究,结果表明该装置能够抵抗一定的开采沉陷,整体性较好。中国矿业大学的夏军武教授[69]以框架结构为研究对象,提出了一种自适应单向竖向沉降的装置,安装在基础与上部结构之间,有效减小地基下沉对上部结构的附加应力。陕西华电在采盘区工作面地表建造抗变形试验建筑物,用来研究上部结构抗变形措施、基础抗变形、煤矸石回填地基加固后建筑物的抗变形能力及对采空区稳定性影响[70]。

我国大部分矿区位于有抗震设防要求的区域内,矿区建筑物既要承受开采沉陷损害,又面临将来可能发生的地震动力灾害,因此对于采动区建筑物的设计,需要综合考虑采动灾害与地震灾害的共同作用对建筑物的破坏。井征博[71-72]以框剪结构为分析对象,利用有限元软件 ANSYS 分析了矿区煤炭开采导致地表下沉、倾斜、曲率变形扰动下的结构构件内力变化规律,但是没有考虑地基土的影响。陈杨[73]基于损伤力学与地震工程学,建立采动影响下的建筑物损伤判据模型,通过有限元模拟研究结构在采动灾害影响下的动力响应。吴艳霞[74]研究了隧道施工引起地表沉陷对建筑物的影响,通过调查与分类,指出了沉陷对建筑物影响的规律和特征,并基于模糊分析法对建筑物损害等级进行评判,提出了相应的防护措施。随着我国城镇化水平的不断提高,资源型城市转型发展不断深化,矿山建设复垦需求增大,为促进采煤塌陷区建筑物安全使用,李志永[75]依托徐州矿业集团井田煤矿,结合拟建建筑层高、面积等情况,利用钻探、物探等技术手段,对该区域建设场地进行可行性评判,并对其进行注浆加固,消除采空区残余变形对地面拟建建筑物的影响。煤矿采空区是否适合工程建设,关键在于地基的稳定性及上覆岩层残余变形等因素。魏帅颖[76]以抚顺老虎台矿为研究背景,结合地表沉降观测资料,初步分析了该矿采空区残余变形对建筑结构影响规律,并用土木合成材料对地基土体进行处理,建筑结构的安全性、稳定性得到很大提高。周桂林[77]以焦作市某矿区为研究对象,依据现场钻探资料与理论公式,通过土体附加应力的变化,得到拟建建筑荷载对煤层上覆岩层的作用范围,即采空区是否发生二次"活化",评价采空区地基安全性。庞学栋[78]研究了采空区处置前后,其地表建筑物主要构件的有效应力反应,但是没有阐明建筑结构在煤矿采动造成初始损伤的情况下,地震灾变荷载作用下,其抗震性能劣化机制及灾变机理。

1.2.4 采动灾害对建筑物的影响

随着煤炭资源的不断开发,在煤矿作业过程中将地下煤层或煤矸石等被采出后所残留的空腔或空洞称之为采空区[79]。煤炭在开采过程中以及采出后,其岩层顶板、上覆岩层及围岩原有的应力平衡受到扰动,由于岩层顶板未能承受煤层以上岩层的自重作用而开裂、掉落,岩层通过移动变形再次达到平衡状态,这种变形从煤炭被采出后,一直持续到开采结束后很长一段时间,属于长期变形,变形逐渐发展延伸到地表,引起地面塌陷,称之为开采沉陷[80-81](如图 1.4 所示)。

按照图 1.4 所示,根据上覆岩层再次达到平衡状态这一过程的变形特征及破坏程度,可划分为"三带"。位于最下面的是冒落带,该区域岩层与煤层直接接触,当煤炭被采出后,该部位岩层的抗拉强度不能承受上覆岩体重量时,其弹性势能被释放出来,发生断裂散落到采空区,该过程称之为冒落[82-85]。冒落下来的岩石由于空隙较大,堆积体积要远大于冒落前[86-89]。位于冒落带上层的是裂隙带,该部位岩体的主要特点是发生裂缝和大断裂,岩层厚度范围内均分布有裂隙,在采场推进的前进方向上能够传递水平力,形成"传递岩梁"的力学机制[90-93]。弯曲带是从裂隙带以上一直到地面的部分,主要特点以弯曲变形为主,高度与冒落带大致相等,其变形延伸到地表后形成沉陷盆地,面积远大于地下采空区的面积。而地表下沉区边缘呈现拉应力状态,极易引起地面开裂,损坏

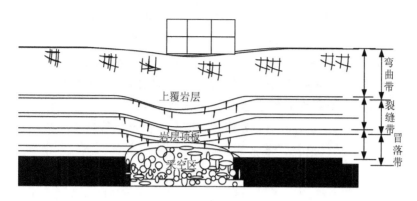

图 1.4　开采沉陷示意图

地基土体,极大威胁着地面工程结构。

　　地下煤炭开采后形成巨大的采空区,原本煤炭周围的岩体应力平衡被扰动,此后相当长的时间段内,周围的覆岩通过移动变形重新寻求新的应力平衡状态,从开采起始点一直持续到开采结束后很长一段时间,这种移动变形会逐渐波及地面,破坏地基-基础-上部结构的力学平衡状态。建筑物通过产生附加变形或附加应力抵抗地表移动变形,当这些变形超过建筑物的临界值时,呈现建筑物被破坏状态[94-96]。

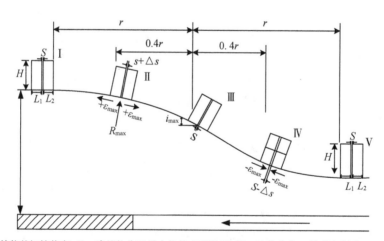

Ⅰ—建筑物的初始状态;Ⅱ—建筑物位于最大拉伸变形位置;Ⅲ—建筑物位于最大倾斜位置;Ⅳ—建筑物位于最大压缩位置;Ⅴ—建筑物位于地表稳态下沉盆地
倾斜变形—i、地表水平变形—ε、H—建筑物高度、S—建筑物原来水平变形量、$\triangle S$—建筑物水平变形变化量、L_1、L_2—分别为变形两侧建筑物长度、R—曲率半径、r—中性区与拉伸临界区的距离,"$+$"为拉伸变形、"$-$"号为压缩变形。

图 1.5　地表移动变形对建筑物的影响

如图 1.5 所示,地表沉陷对建筑结构的损害具有长期性、缓慢性、动态性的特点。煤炭开采之前,Ⅰ建筑物处于初始位置,随着开采工作面的不断向前推进,采空区逐渐开始形成,上覆岩体不断移动形成开采沉陷盆地。从严格地表变形的意义上来说,开采沉陷盆地可以分为三个区域,第一个区域为拉伸变形区,Ⅱ建筑物所处位置,以不均匀沉降为主,地表土体抗拉强度较低,一般会产生裂缝;Ⅲ建筑物所处位置有时称为最大倾斜区,该区域地表倾斜值最大;第二个区域为压缩变形区,Ⅳ建筑物所处位置,以不均匀沉降为主,地表土体处于压缩状态;第三个区域为中性区,Ⅴ建筑物所处的位置,该区域地表基本呈现均匀下沉,对建筑物损害最小,但若地下潜水位较高,地基基础容易被水浸泡,结构强度降低,以下将着重介绍几种因地表变形引起的损害。

(1)地表下沉对建筑物的损害

在建筑物地基土体有效作用范围内,各下沉点的竖向位移变化量基本一致,对建筑物的不利作用有限,不会导致建筑物损坏。比如在开采沉陷盆地的中心附近,建筑物保持原有的力系平衡状态呈整体下沉,也就不会产生附加应力或附加变形,但连通建筑物的给排水管道、供热、供电管道等各种管线容易产生较大的变形或破坏。若地下水位较高,会造成建筑物内部积水、室内潮湿,建筑物的正常使用功能受到影响。

(2)地表倾斜对建筑物的损害

在建筑物地基土体有效作用范围内,各下沉点的竖向位移变化量不一致,坐落在该区域范围内的建筑物表现为歪斜,对于一些高耸结构,比如电信塔、航空指挥塔、烟囱、风动机塔等影响非常大。倾斜会导致建筑物质心、重心及几何中心不一致,产生附加的倾覆力矩,破坏地基-基础-上部结构的原有力系平衡状态,地基底面压力会重新分布,上部结构产生附加变形。一旦附加变形超过结构构件的临界变形就会产生开裂现象。

(3)地表水平变形对建筑物的损害

该类变形的力学机制将其分为拉伸和压缩两类,如图 1.6 所示。结合建筑材料混凝土、砌块力学试验可知,其主要力学性能为抗压强度,抗拉强度非常小,因此拉伸变形对建筑物的损害要远大于压缩变形。国内外矿山开采对建筑物损害研究表明,尤其是砌体结构,极易在门窗洞口、过梁处产生斜裂缝。一旦地表水平拉伸变形超过 1.5 mm/m(临界值),砌体结构承重墙将产生竖向裂缝。如果地表压缩变形较大,会导致地面鼓起、地砖开裂、门窗变形、纵墙褶曲,给建筑物造成严重的损害。对于砖石结构,往往采用刚性措施与柔性措施相结合的方式,在基础顶面与基础圈梁之间铺设摩擦系数较小的滑动层,如图 1.7 所示。

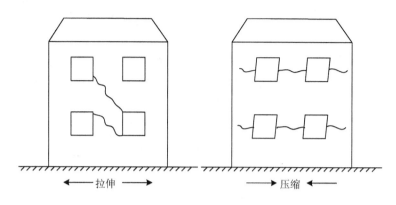

图 1.6　地表水平变形损害

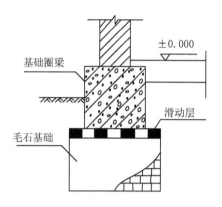

图 1.7　滑动层位置

（4）地表曲率变形对建筑物的损害

地表不均匀倾斜引起建筑物地基呈曲面变形,扰动了地基与基础之间的平衡关系,基底反力表现为应力重分布,基础产生附加变形或附加应力,一旦附加应力超过建筑物临界破坏强度,表现为结构构件开裂破坏,如图 1.8 所示。曲率变形对上部结构的损害往往是多种变形综合的结果,结合其作用机制可分为正、负两类,在负曲率(各变形点连线成凹形)影响下,可以简化为两端有支点的简支梁模型,建筑物的中央部分悬空,使墙体产生裂缝,同时,墙体上部区域呈压缩状态。建筑体量中的长度因素对曲率变形较为敏感,长度越大则结构底部的拉应力越集中,一旦超过材料的极限值就会发生严重破坏。在正曲率(各变形点连线成凸形)影响下,正曲率变形和地表拉伸变形综合影响建筑结构,建筑物力学模型与负曲率相反,呈跨中受力、端部悬空状态,产生正"八"字形裂缝和水平裂缝。综合来看,正曲率变形比负曲率变形对建筑物的负面影响要大。

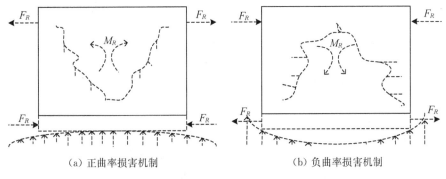

（a）正曲率损害机制   （b）负曲率损害机制

F_R—地表曲率附加力；M_R—地表曲率附加力矩

图 1.8 地表曲率变形

图 1.9 为黑龙江七台河某机械厂，因煤炭开采导致的墙面、地面及室内损害照片。

（a）柱端裂缝

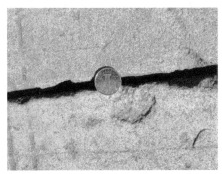

（b）地面裂缝

（c）室内地面变形

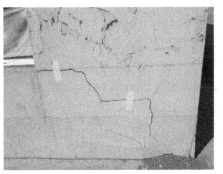

（d）窗洞口裂缝

图 1.9 采动引起的建筑物损害

（5）剪-扭组合变形对建筑物的损害

引起剪切变形主要因素如下：第一是建筑物所处位置，其长边方向与沉陷断裂面斜交；第二是开采沉陷导致的地表剪切破坏作用。扭曲破坏主要是横墙或纵墙之间沉陷不均匀产生倾斜差引起的,沿着墙体所在区域中心线产生扭转,对建筑物造成损害。

1.3 主要存在的问题

目前,煤炭开采区地表建筑物,尤其是位于采空区边缘地带的建筑物都面临着采动灾害与地震灾害的影响。采动灾害引起的是地表长期变形,地震灾害作用下的是大变形,采动损伤(长期性、缓慢性)与地震损伤(瞬时性、剧烈性)对建筑结构的损害机理不同,建筑物在煤矿采动影响与地震作用下的灾变演化机制尚不完善。

而关于采动损伤与地震损伤的内在联系的研究仍存在一定欠缺,在两种变形作用下的建筑结构抗震性能劣化机理、倒塌机制尚不明确。在采动灾害引起的地表长期变形作用下,建筑物基础与地基土体通过协同变形缓解采动影响,上部结构会产生附加变形,研究采煤沉陷区工程结构在地震作用下灾变机理应着重考虑协同变形,不应忽略地基土体对地震动力的滤波效应及基础刚度对上部结构抗震稳健性与抗震韧性的贡献,需要将地基、基础、上部结构综合考虑。以上这些问题都是研究采空区边缘地带建筑结构在地震动力影响下抗震性能劣化机制的关键点,是研究煤矿损伤建筑抗震性能演化规律迫切需要解决的问题。

(1)采动灾害对建筑物抗震性能的影响多集中于砌体结构,虽有部分学者通过有限元软件对煤矿采动损伤下的框剪结构进行了探讨,但针对采空区边缘地带 RC 框架结构,在采动与地震影响下的灾变演化机制研究较少。通过设计煤矿采动模拟试验台,对缩尺模型施加双向不均匀沉降,利用地震模拟振动台再现采动灾害影响下的建筑结构的损伤演化机制及抗震性能劣化过程[97-99],从理论和试验上进行深入研究。

(2)矿区煤炭开采对建筑抗震性能的影响大多采用刚性约束,忽略了上部结构底面对土体的约束作用。在地震动力作用下,地基土体变形与结构变形在二者接触面间发生相互作用,这种相互作用表现为如下两点:一方面,二者在接触面间从相互约束演变为变形协调作用,地基土体与结构同样都是变形体,结构的刚度要大于地基土体,结构在约束土体变形的同时也要顺从土体发生一定的变形。另一方面,二者在接触面间力的传递,尤其是位于采空区边缘地带的工程结构,工程地质情况复杂,受采动灾害影响,土体与结构之间通过接触面还存在着一种附加力的传递,这种附加力的传递只有考虑土体与结构相互作用时才能考虑。

（3）煤矿采动损伤建筑在地震作用下的仿真分析多为二维模型,结构空间非线性特性存在明显欠缺,而三维实体模型可以较好地体现这一点,实现结构在不均匀沉降作用下附加变形与附加应力的集中区域,更好地显示建筑物在煤矿采动与地震动力作用下,结构从微裂缝—裂缝—破坏—整体倒塌的全过程。

（4）通过能量耗散理论分析采动灾害对建筑物抗震性能的研究并不多见,然而能量法能够准确地反映结构的累积塑性损伤,通过阻尼耗能、滞回耗能与动能分析地震和采动输入能在结构内部的传递、转化和吸收,从能量耗散的角度研究采动灾害与地震灾害对建筑物抗震性能影响的关联性,能够明确反映采动引起的不均匀沉降量对建筑结构破坏的综合影响。揭示采空区边缘地带工程结构在不同采动损害影响下,当地震发生时结构主要构件吸收和耗散能量与结构抗震稳健性、抗震韧性及破坏倒塌之间的内在联系。

1.4 主要研究内容

本研究依托国家自然科学基金项目《地震作用下采动区岩层动力失稳与建筑安全控制研究》项目编号(51474045),基于开采沉陷学、地震工程学、损伤力学、能量耗散结构理论,采用现场调研、理论分析及采空区边缘地带的建筑结构振动台动力试验,选用有限元数值模拟软件 ANSYS/LS-DYNA 与结构仿真分析相结合的研究方法,并考虑土-结构相互作用对采空区建筑物抗震性能劣化机制及动力灾变过程进行研究,针对以上存在的问题主要进行如下几方面的研究：

（1）基于国内外对采煤沉陷区建筑物安全防护所取得的研究成果,针对煤矿采动对建筑物损害研究现状做了分析与概述,指出了该领域目前存在的主要问题,并提出了适合本研究的技术路线。矿区建筑结构的灾变主要是煤矿采动引起地表移动变形导致的,因此针对有关地表移动变形方面的变化规律、影响因素、变形类型及采动影响下的建筑结构破坏模式进行了归纳与总结。

（2）振动台动力试验作为研究与评价建筑物在地震激励下的抗震性能与动力灾变过程的最为重要与直接的手段,为更好地研究煤矿采动灾害影响下的建筑物抗震性能劣化机制,采用地震模拟振动台进行动力激励。对该类动力试验方案设计时,必须掌握相似试验设计中的几种相似定理及分析理论,并对动力作用下的相似模型设计理论进行了总结与归纳,选择适合本研究特点的相似模型设计方法。基于所选择的相似理论关系,对振动台试验模型进行设计与制作。首先,对模型结构主要构件进行配筋计算,选择适合本模型的相似材料,确定缩尺模型的主控相似参数。其次,根据所选择的相似理论及主控相似常数,确定模型其余的相似常数,并计算模型配重。再次,对模型进行动态性能测试,并对传感器进行校验与标定,结合测试结果修正模型相似关系。最后,开始吊装并固定模型。

(3) 结合本研究的目的与研究内容,进行相应的加速度计、应变片等传感器测点布置,选择适合本模型的地震波后开始地震模拟激励试验。将采集系统所采集到的试验数据进行残余项处理之后,分析模型在采动影响前后的动力特性变化,得到缩尺模型的自振频率及阻尼比变化规律,作为研究结构在采动影响下及地震激励前后刚度折减的依据。同时,研究了模型结构的加速度响应、结构层间变形、能量耗散演化规律(推导了煤矿采动影响下的结构能量耗散演化方程)、首层柱纵筋应变响应及动力破坏过程,得到模型结构在煤矿采动影响下的抗震性能劣化机制及动力灾变机理。

(4) 基于构件模型与材料本构关系,利用有限元分析软件 ANSYS/LS-DYNA,建立煤矿采动影响下的不均匀沉降分析模型,对其进行应力、应变及变形分析,得到采动影响下的结构产生附加应力与附加变形的演化规律。在此基础上,按照振动台加载工况,分别对各个模型进行地震激励,得到各个模型在采动作用前后、地震激励前后的结构自振频率、动力时程响应及结构倒塌破坏形态,将其与地震模拟振动台试验结果进行对比分析。验证利用 ANSYS/LS-DYNA 模拟煤矿采动对建筑物抗震稳健性及其损伤演化规律是可行的。在数值模拟过程中所选择的单元及材料参数设置较为合理,采用该方法进行煤矿采动损伤建筑动力破坏仿真分析所得的结论是可靠的,为后续利用该分析方法进行土-结构相互作用下的煤矿采动损伤建筑结构抗震性能分析奠定基础。

(5) 考虑到矿区地质结构在煤炭开采前与开采后,对地震波的波阻抗效果会产生显著的差异变化,一定程度上对地震波的波形与振动频率会产生明显影响,导致地震波的传递特性发生改变。而在对采空区边缘地带的工程结构进行抗震性能分析时,将该区域地基土体假设为刚性,单独对其上部结构进行分析是不完善的,有必要加强对地基土体的模拟,将地震动荷载直接作用于地基土体。因此,基于岩土地震工程与工程振动理论,初步分析了土-结构相互作用的两种机制,分别是运动相互作用机制和惯性相互作用机制。探讨了考虑 SSI(Soil Structure Interaction)效应的理论分析模型,分析了考虑 SSI 效应对结构的动力特性、上部结构地震响应与地基运动的影响。通过上述分析,建立了考虑土-结构相互作用的建筑物系统运动方程。

(6) 在考虑土-结构相互作用理论分析的基础上,确定土-结构相互作用的结构仿真参数。比如土体本构的选择、地基土体参数、土体计算范围,并设定地基土体与上部结构的连接及土体边界条件,建立土-结构相互作用分析模型。对所建立的仿真模型(基于刚性约束与考虑 SSI 效应的两类模型)进行 X 与 Z 向两个方向的地震激励,对比分析刚性地基假设模型与考虑土-结构相互作用的煤矿采动损伤建筑模型,在 X 与 Z 向的自振频率变化、加速度响应、顶点位移响应、层间变形及结构水平层间剪力变化,探讨对刚性地基假设模型与考虑土-结构相互作用模型分别施加采动影响后,在 X 向与 Z 向的抗震性能与抗震稳健性变化规律。煤矿采动影响,建立结构在刚性地基、硬土地基、软土地基条件下的有限元三维分析模型,对其倒塌破坏机制进行研究。

1.5 技术路线

基于开采沉陷学、地震工程学、损伤力学等理论,结合矿区采动损害实例,通过总结矿区煤炭开采对建筑物损害的保护措施、"三下压煤"开采法与开采沉陷区土-结构相互作用机理,对煤矿采动区地表移动变形类型与影响因素进行了分析;基于开采沉陷学、损伤力学、地震工程与工程振动、相似材料理论等,设计了在煤矿采动试验台模拟煤矿采动扰动下,建筑物产生不均匀沉降,通过设计地震模拟振动台试验与建筑结构采动损害数值模拟,研究在矿区煤炭开采扰动下建筑物损伤机制、建筑物抗震稳健性降低规律、地面建筑抗震性能动力灾变机制、土-结构相互作用对煤矿采动损伤建筑抗震性能的影响等系列问题。

本研究整体技术路线如图 1.10 所示。

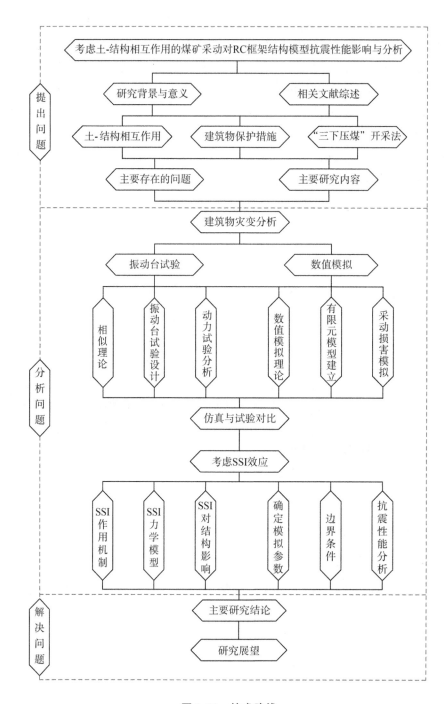

图 1.10　技术路线

2 采动影响下振动台试验设计与模型制作

2.1 引言

　　煤炭资源作为我国的核心主体能源,其年均开采量、消耗量一直稳居首位。煤炭开采后留下的采空区逐渐塌陷导致地表沉陷,引起采空区及边缘地带建筑结构产生不均匀沉降,其表现为建筑物倾斜,致使建筑结构中心与重心偏离而产生附加力矩,并以附加变形的形式作用于建筑物。随着我国土地资源的日益紧缺,工程建设逐渐向采空区边缘推进,该区域建筑物将面临开采沉陷、地震及矿区复杂环境等多种灾害作用的风险。

　　为此,韩芳[100]通过概率积分法对所研究区域进行开采沉陷预计,并结合现场监测采动引起地表房屋变形,初步给出了适合研究区域的地面破坏范围计算方法;姚文华[101]基于模糊数学理论,并对现场房屋受损情况进行了大量实测统计,重点研究了建筑物损害评价方法;刘书贤等[102]通过现场实测与理论分析建立了采空区地表移动变形预测模型,并重点探讨了高频次重复开采诱发建筑物裂缝成因机制;井征博[71]以框剪结构为研究对象,系统分析了地表曲率变形对与剪力墙连接处的梁柱弯矩、轴力等结构内力变化的影响规律。目前,关于煤矿采动对建筑物破坏的影响,多关注于采空区变形预测及建筑物损害评价方法,而涉及地震灾害发生时采空区边缘地带现有建筑及拟建建筑灾变演化规律尚缺乏系统化的理论支撑。利用振动台对建筑结构进行地震动力模拟试验,是目前为止研究建筑结构在地震动力荷载作用下抗震性能演化机理的重要手段。

　　因此,本研究基于开采沉陷学、结构动力学及能量理论,采用 1∶10 的三维框架结构缩尺模型,并设计了模拟煤矿采动引起建筑物不均匀沉降施加装置,通过振动台动力试验,重点揭示煤矿采动引起地表不均匀沉降与地震联合作用下的建筑物抗震性能劣化规律及破坏机制。

2.2 相似理论

2.2.1 Buckingham 定理

该定理于 1914 年由美国学者 E-Buckingham 提出,是描述物理量之间函数关系结构的定理。若与研究过程相关的物理量有 N 个,其中有 R 个基本量纲是可以确定的,由 R 个基本量纲可以确定 $(N-R)$ 个 $\prod$ 数,即可以列出 $(N-R)$ 个关系式,这些关系式用 $\prod_i [(i=1,2,3,\cdots,(N-R)]$ 表示,故称为 $\prod$ 定理。当用该方法进行模型与原型相似性设计时,先任意选三个和几何、材料、荷载、动力性能有关的物理量规定为基本量纲,相似模型动力试验过程中所涉及的其余物理量,均可通过这三个基本物理量推算出来。

假设与所研究的物理过程有关的物理量分别为 $y_1,y_2,y_3,\cdots,y_n$,该物理过程可以通过如下函数来表示:

$$f(y_1,y_2,y_3,\cdots,y_n)=0 \tag{2.1}$$

在试验过程中所研究的对象有 N 个物理量,其中有 R 个基本量纲。而动力分析中质量 $[M]$、时间 $[T]$、长度 $[L]$ 通常作为基本量纲,则基本量纲数 $R=3$,此时剩下 $(N-R)$ 个物理量。分别将剩下的物理量与基本量纲组成一个无量纲的 $\prod$ 项,即可列出 $(N-R)$ 个方程式。公式(2.1)即可通过下面无量纲表达式来表示:

$$f(\prod{}_1,\prod{}_2,\prod{}_3,\cdots,\prod{}_{N-R})=0 \tag{2.2}$$

结构在地震动力激励下,各截面变形符合线弹性假设,则截面应力为:

$$\sigma=f(E,L,\rho,t,\varepsilon,v,\alpha,\omega,c) \tag{2.3}$$

式中,E 为材料弹性模量;L 为结构长度(m);ρ 为结构密度(g/m³);t 为时间(s);ε 为应变;v 为结构速度反应(m/s²);α 为结构加速度反应(m/s²);ω 为频率;c 为阻尼。

质量系统中基本量纲为时间 T、质量 M、长度 L,通过这三个基本量纲表示弹性模量 E 的量纲为 $[ML^{-1}T^{-2}]$、密度量纲为 $[ML^{-3}]$。模型设计中选取 L、E、ρ 为基础物理量,其余参数均可通过这三个基础物理量来表示。如截面应力的量纲为 $L^{x_1}E^{x_2}\rho^{x_3}$,以求解 T 的相似条件为例,时间 T 的量纲可表示为:$[L^{x_1}(ML^{-1}T^{-2})^{x_2}(ML^{-3})^{x_3}]$,由量纲一致有下述表达式:

$$[F] = [T] = [L^{x_1}E^{x_2}\rho^{x_3}] = [L^{x_1}(ML^{-1}T^{-2})^{x_2} \cdot (ML^{-3})^{x_3}] \quad (2.4)$$

根据协调条件：① $x_1 - x_2 - 3x_3 = 0$，② $x_2 + x_3 = 0$，③ $-2x_2 = 1$，

分别解得：$x_1 = 1, x_2 = -0.5, x_3 = 0.5$，

故 $\prod_1$ 表达式为：

$$\prod_1 = \frac{t}{LE^{-0.5}\rho^{0.5}} \quad (2.5)$$

基于公式(2.5)推导过程，通过 E、L、ρ 表示公式(2.3)中其余物理参数，结果如表2.1所示。

表 2.1　质量系统量纲

物理量	物理量符号	相似常数符号	质量系统量纲
长度	l	S_l	$[L]$
时间	t	S_t	$[T]$
质量	m	S_m	$[M]$
位移	d	S_d	$[L]$
应力	σ	S_σ	$[ML^{-1}T^{-2}]$
弹性模量	E	S_E	$[ML^{-1}T^{-2}]$
泊松比	μ	S_μ	$[I]$
应变	ε	S_ε	$[I]$
刚度	K	S_K	$[MT^{-2}]$
密度	ρ	S_ρ	$[MT^{-3}]$
力	F	S_F	$[MLT^{-2}]$
弯矩	M_b	S_{Mb}	$[ML^2T^{-2}]$
速度	v	S_v	$[LT^{-1}]$
加速度	a	S_a	$[LT^{-2}]$
阻尼	c	S_c	$[MT^{-1}]$

2.2.2　一致相似率

在建筑结构振动台试验模型相似关系中，大多仅体现在对结构构件的相似设计，而活载与非结构构件对整体地震反应的贡献都未充分考虑。在结构抗震动力模型激励中，往往呈现缩尺模型的抗震性能大于经验认识这一现象，究其原

因,往往是由模型缩尺效应所导致的。中国地震局工程力学研究所张敏政研究员经过对大量地震模拟振动台试验的数据分析,认为有多方面的因素导致了上述现象,其中最为重要的因素一方面是模型的缩尺效应,另一方面是忽略了与结构构件有关的活荷载及非结构构件等的质量效应。因此,在建筑结构模型相似设计中,此类因素应当引起足够的重视。然而现代的建筑物装饰装修较为复杂多样,依附在结构上的这些装饰装修材料具有一定的质量,再者考虑到其他的一些积雪和积灰等活荷载,虽然这些荷载对结构的刚度影响不大,但在动力荷载作用下,其质量效应不容忽视。在模型设计时,若将这些因素考虑在内,缩尺模型的动力特性(自振周期为代表)将更接近于原型结构,能进一步提高试验结果与原型结构的吻合度。

在建筑结构振动台试验中,当振动台承载力或人工质量配置空间有限时,附加配重无法全部配置到缩尺结构上,如果不考虑模型的重力效应,则试验结果不能很好地反应原型结构的动力响应。在振动台承载能力有限的条件下,尽可能多地配置人工质量,适当地模拟重力和惯性力,这种模型被称为"欠人工质量模型",下面着重介绍这种模型的相似关系。

假设各结构构件截面变形为线弹性,结构在地震动力作用下,杆件截面应力有如下表达式:

$$\sigma = f(l, E, \rho, t, r, v, \alpha, g, \omega) \tag{2.6}$$

式中,l 为结构构件尺寸;E 为主体结构所用材料的弹性模量;ρ 为主体结构构件的密度;t 为时间;r 为结构应变反应;v 为结构速度反应;α 为结构加速度反应;g 为重力加速度;ω 为结构自振角频率。

选取弹性模量 E、构件尺寸 l、质量密度 ρ 为三个基本量纲,即 $E=[E]$、$L=[l]$、$\rho=[\rho]$,其余物理参数的无量纲积可通过这三个量纲的幂次单项式来表示:

$$\begin{cases} \prod_0 = \sigma/E \\ \prod_4 = t/(l \cdot E^{-0.5} \cdot \rho^{0.5}) \\ \prod_5 = r/l \\ \prod_6 = v/(l^{-2} \cdot E \cdot \rho^{-1}) \\ \prod_7 = \alpha/(l^{-1} \cdot E \cdot \rho^{-1}) \\ \prod_8 = g/(l^{-1} \cdot E \cdot \rho^{-1}) \\ \prod_9 = \omega/(l^{-1} \cdot E^{0.5} \cdot \rho^{-0.5}) \end{cases} \tag{2.7}$$

缩尺模型物理参数与原型结构物理参数之比称为相似比,要使模型结构在地震动力作用下能够模拟原型结构地震动力反应,公式(2.7)中的 7 个物理参数相似比需满足下列条件:

$$\begin{cases} \sigma_r = E_r \\ r_r = l_r \\ a_r = E_r/(l_r \cdot \rho_r) = g_r \end{cases} \quad \begin{cases} t_r = l_r \sqrt{\rho_r/E_r} \\ v_r = \sqrt{E_r/\rho_r} \\ \omega_r = \sqrt{E_r/\rho_r}/l_r \end{cases} \quad (2.8)$$

根据 $E_r = l_r \cdot \rho_r$ 可以得到质量相似比 $m_r = E_r \cdot l_r^2$,即模型总质量 $E_r \cdot l_r^2 \cdot m_p$ 与原型质量 m_p 之比。模型总质量由两部分构成,第一部分为模型结构构件质量 m_m,第二部分是为弥补重力与惯性效应而附加的人工质量 m_a,若要满足相似要求,需要附加的人工质量 m_a 为

$$m_a = E_r \cdot l_r^2 \cdot m_p - m_m \quad (2.9)$$

对于非结构构件及活荷载的质量效应,主要考虑其重力及惯性效应,其对结构构件的刚度影响甚微,忽略不计。在公式(2.6)的基础上增添了一项非结构构件及活荷载质量项 m_{0r},在地震动力作用下,构件截面应力有如下函数关系,其表达式为

$$\sigma = f(l, E, \mu, t, r, v, \alpha, g, \omega, m_{0r}) \quad (2.10)$$

仍选取弹性模量 E、质量密度 ρ 和构件尺寸 l 为三个基本量纲,即 $E=[E]$、$L=[l]$、$\rho=[\rho]$,$[m_0] = l^3 E_0 \rho$,其余物理参数的无量纲积可通过这三个量纲的幂次单项式来表示:

$$\begin{cases} \prod_0 = \sigma/E \\ \prod_4 = t/(l \cdot E^{-0.5} \cdot \rho^{0.5}) \\ \prod_5 = r/l \\ \prod_6 = v/(l^{-2} \cdot E \cdot \rho^{-1}) \\ \prod_7 = \alpha/(l^{-1} \cdot E \cdot \rho^{-1}) \\ \prod_8 = g/(l^{-1} \cdot E \cdot \rho^{-1}) \\ \prod_9 = \omega/(l^{-1} \cdot E^{0.5} \cdot \rho^{-0.5}) \\ \prod_{10} = m_0/(l^3 \cdot \rho) \end{cases} \quad (2.11)$$

所以，非结构构件和活荷载之和的相似比 m_{0r} 为

$$m_{0r} = l_r^3 \cdot \rho_r \tag{2.12}$$

满足公式(2.8)和(2.9)条件的模型为人工质量模型。如果不考虑重力加速度效应，那么该模型就被称为忽略重力模型。关于这两种模型的相似比计算见表 2.2。

表 2.2　模型相似比计算

物理参数	人工质量模型		忽略重力模型	
	与原型材料一致	非原型材料	与原型材料一致	非原型材料
长度尺寸	l_r	l_r	l_r	l_r
弹性模量	$E_r = 1$	E_r	$E_r = 1$	E_r
构件密度	$\rho_r = 1$	ρ_r	$\rho_r = 1$	ρ_r
应力	$\alpha_r = E_r = 1$	$\alpha_r = E_r$	$\alpha_r = E_r = 1$	$\alpha_r = E_r$
时间	$t_r = l_r^{0.5}$	$t_r = l_r^{0.5}$	$t_r = l_r$	$t_r = \rho_r^{0.5} \cdot E_r^{-0.5} \cdot l_r$
频率	$\omega_r = l_r^{-0.5}$	$\omega_r = l_r^{-0.5}$	$\omega_r = l_r^{-1}$	$\omega_r = l_r^{-1} \cdot E_r^{0.5} \cdot \rho_r^{-0.5}$
变位	$r_r = l_r$	$r_r = l_r$	$r_r = l_r$	$r_r = l_r$
速度	$v_r = l_r^{0.5}$	$v_r = l_r^{0.5}$	$v_r = 1$	$v_r = E_r^{0.5} \cdot \rho_r^{-0.5}$
加速度	$a_r = 1$	$a_r = 1$	$a_r = l_r^{-1}$	$a_r = E_r \cdot \rho_r^{-1} \cdot l_r^{-1}$
重力加速度	$g_r = 1$	$g_r = 1$	—	—
活载、非结构构件	$m_{0r} = l_r^2$	$m_{0r} = E_r \cdot l_r^2$	$m_{0r} = l_r^3$	$m_{0r} = l_r^3 \cdot \rho_r$
人工质量	$m_a = l_r^2 \cdot m_p - m_m$	$m_a = E_r \cdot l_r^2 \cdot m_p - m_m$	—	—

基于 Buckingham Ⅱ 定理[98-99]，寻求一种介于人工质量相似率与不考虑重力模型的一致表达式，关键的问题在于人工质量配置的数量，引入一个与该问题有关的物理量等效质量密度 $\overline{\rho_m}$ 来描述模型配置人工质量的多少，等效质量密度 $\overline{\rho_m}$ 计算如下：

$$\overline{\rho_m} = \frac{(m_m + m_a + m_{0m})}{B_m} \tag{2.13}$$

式中，m_m 为模型构件的质量；m_a 为配置的人工质量；m_{0m} 为模型中活载和非结构构件质量；B_m 为模型构件体积。

参照公式(2.6)与(2.12)，推导结构抗震动力原型，其等效质量密度 $\overline{\rho_p}$ 计算

如下：

$$\overline{\rho_p} = \frac{(m_p + m_{0p})}{B_p} \tag{2.14}$$

式中，m_p 为原型结构构件质量；m_{0p} 为原型中活载和非结构构件的质量；B_p 为原型结构构件体积。

由公式(2.13)和(2.14)可推出等效密度相似比 $\overline{\rho_r}$：

$$\overline{\rho_r} = \frac{\overline{\rho_m}}{\overline{\rho_p}} = \frac{(m_m + m_a + m_{0m})}{(m_p + m_{0p})} \cdot \frac{B_p}{B_m} = \frac{m_m + m_a + m_{0m}}{m_p + m_{0p}} \cdot \frac{1}{S_l^3} \tag{2.15}$$

将以上结果进行汇总，即为一致相似率常用的计算公式如表2.3所示。

表 2.3　一致相似率

物理量	原型材料	非原型材料
长度	$S_l = l_r$	$S_l = l_r$
变位	$S_r = S_l = 1$	$S_r = S_l$
应力	$S_\sigma = \sigma_r = 1$	$S_\sigma = \sigma_r = E_r$
弹性模量	$S_E = E_r = 1$	$S_E = E_r$
速度	$S_v = v_r = \sqrt{1/\rho_r}$	$S_v = v_r = \sqrt{E_r/\rho_r}$
频率	$S_f = \omega_r = \sqrt{1/\sqrt{\rho_r}}/l_r$	$S_f = \omega_r = \sqrt{E_r/\sqrt{\rho_r}}/l_r$
时间	$S_t = t_r = l_r \cdot \sqrt{\rho_r}$	$S_t = t_r = l_r/\sqrt{\rho_r/E_r}$
加速度	$S_a = 1/(l_r \cdot \overline{\rho_r})$	$S_a = E_r/(l_r \cdot \overline{\rho_r})$
等效密度	$\overline{S_{mp}} = \overline{\rho_r} = (m_m + m_a + m_{0m})/$ $[(m_p + m_{0p}) \cdot l_r^3]$	$\overline{S_{mp}} = \overline{\rho_r} = (m_m + m_a + m_{0m})/$ $[(m_p + m_{0p}) \cdot l_r^3]$

2.3　模型设计

2.3.1　原型简介

原型结构为黑龙江某矿业公司办公楼，如图2.1(a)所示，结构类型为RC框架结构，共6层，每层3 m，始建于1998年，次年建成并投入使用，按7度设防，设计基本加速度为0.1g。因受矿区煤炭开采引起地表不均匀沉降影响，建筑物门窗洞口及其他拐角处裂缝较为严重，具体损害如图2.1(b)所示。

(a) 某矿业公司办公楼 (b) 采动损害

图 2.1 工程实例

取现浇六层钢筋混凝土框架结构,X 与 Y 方向各取两跨,轴间距均为 4 m。混凝土设计强度等级为 C30,柱截面为 600 mm×600 mm,主梁截面为 300 mm×600 mm,楼面板与屋面板均为 150 mm。外围梁上砌块墙荷载 8 kN/m²,楼面与屋顶设计恒荷载分别为 3 kN/m² 和 4 kN/m²,设计屋面活荷载为 2 kN/m²。试验用地震模拟振动台位于辽宁工程技术大学,该振动台为两维与四个自由度,台面尺寸为 3 m×3 m,最大负荷为 10 t,最大加速度为 ±1.5g,频率为 0~50 Hz,其基本性能指标如表 2.4 所示。

表 2.4 振动台基本性能指标

性能	指标	备注
最大试件质量	10 t	—
台面尺寸	3 m×3 m	—
激振方向	两维	X、Z 水平
控制自由度	四个自由度	—
振动激励	简谐振动、冲击、地震	—
最大振动加速度	X、Z	±1.5g
最大振动位移	X、Z	±15 cm
最大驱动速度	X、Z	100 cm/s
范围频率	0~50 Hz	—
数据采集系统 DH5925	采样频率 12.8 kHz	16 通道

鉴于振动台台面及场地高度限值,取六层两跨框架子结构作为试验模型,选用微粒混凝土作为模型材料。已有文献[103-105]研究表明,微粒混凝土弹性模量较小,与普通混凝土力学性能相似,适宜制作小尺寸构件,易满足模型相似关系要求。以往研究[106-110]表明,模型梁柱截面配筋应按承载力相似原则设计,可较

准确地模拟原型结构地震响应。用镀锌铁丝模拟钢筋,试验模型相似关系采用似量分析法与一致相似率进行振动台试验相似常数计算[98-99]。

2.3.2　模型构件配筋计算

利用缩尺模型模拟原型结构中的钢筋与混凝土间的力学协调关系还存在困难,正截面与斜截面承载力则由抗弯能力与抗剪能力等效原则控制[111]。模型与原型的弯矩、剪力具体计算过程按照公式(2.16)和(2.17)进行:

$$M^P = f_y^P \cdot A_s^P \cdot h_0^P, V^P = f_{yv}^P \cdot \frac{A_{sv}^P}{s^P} \cdot h_0^P \qquad (2.16)$$

$$M^m = f_y^m \cdot A_s^m \cdot h_0^m, V^m = f_{yv}^m \cdot \frac{A_{sv}^m}{s^m} \cdot h_0^m \qquad (2.17)$$

弯矩相似常数及缩尺模型截面配筋面积分别为公式(2.18)和公式(2.19):

$$S^M = \frac{M^m}{M^P} = \frac{f_y^m \cdot A_s^m \cdot h_0^m}{f_y^P A_s^P h_0^P} = \frac{A_s^m}{A_s^P} \cdot S_l \cdot S_{f_y} \qquad (2.18)$$

$$A_s^m = A_s^P \cdot \frac{S^M}{S_l \cdot S_{f_y}} = \frac{S_\sigma}{S_{f_y}} \cdot S_l^2 \cdot A_s^P \qquad (2.19)$$

剪力相似常数及缩尺模型截面箍筋面积分别为公式(2.20)和公式(2.21):

$$S_V = \frac{V^m}{V^P} = \frac{f_{yv}^m \cdot \dfrac{A_{sv}^m}{s^m} \cdot h_0^m}{f_{yv}^P \cdot \dfrac{A_{sv}^P}{s^P} \cdot h_0^P} = \frac{A_{sv}^m}{A_{sv}^P} \cdot S_{f_{yv}} \cdot \frac{S_l}{S_s} \qquad (2.20)$$

$$A_{sv}^m = A_{sv}^P \cdot \frac{S_V \cdot S_s}{S_{f_{yv}} \cdot S_l} = \frac{S_\sigma}{S_{f_{yv}}} \cdot S_l \cdot S_s \cdot A_{sv}^P \qquad (2.21)$$

上角标 P 为原型结构物理量,上角标 m 为模型结构物理量。M 为弯矩,V 为剪力,f_y 与 A_s 分别为纵向钢筋设计强度及其面积;f_{yv} 与 A_{sv} 分别为箍筋设计强度及其面积,s 为箍筋间距。

公式(2.19)和(2.21)既考虑了钢筋和混凝土两种材料不同相似系数的影响,又考虑了几何尺寸和箍筋间距相似常数不同的影响。由 PKPM 可计算出原型结构配筋面积,再通过公式(2.19)和(2.21)求得模型结构配筋面积。例如,原型结构混凝土设计强度 C30,主梁结构截面为300 mm×600 mm,纵向钢筋为8φ14(A_s=4 672 mm^2,f_y=300 MPa),箍筋双肢 φ8@100/200(A_{sv}=101 mm^2,f_{yv}=210 MPa)。模型长度相似常数 S_l=1/10,应力相似常数 S_σ=1。

由公式(2.19)可得模型梁纵筋面积为 50.24 mm^2,选配 4 根 8# 镀锌铁丝。由公式(2.21)计算模型梁箍筋面积为 0.80 mm^2,选配双肢箍 21#@10/20 镀锌铁丝。同理可计算出其他构件配筋,计算结果如表 2.5 所示。

表 2.5　模型构件参数

构件	编号	尺寸(mm)	配筋
梁	KL	30×60	4 根 8#;箍筋 21#@10/20
	WKL		4 根 8#;箍筋 21#@10/20
	L	20×40	4 根 14#;箍筋 21#@10/20
	WL		4 根 14#;箍筋 21#@10/20
柱	Z	60×60	4 根 8#;箍筋 21#@20/40
板	B	15	19#@20

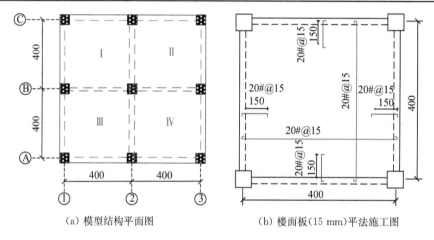

(a) 模型结构平面图　　　　(b) 楼面板(15 mm)平法施工图

图 2.2　结构平面布置及楼板平法施工(单位: mm)

梁:两端 100 mm 范围内箍筋加密,加密区箍筋间距 10 mm,非加密区箍筋间距 20 mm。

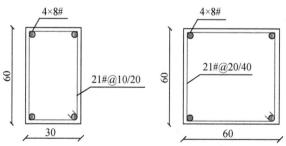

图 2.3　梁、柱平法施工(单位: mm)

为方便柱与钢板焊接,底部 1/3 高度纵向钢筋作加密处理,纵筋穿过钢板预留孔并带有 90 度弯钩,平面图与三视图如图 2.4 所示。

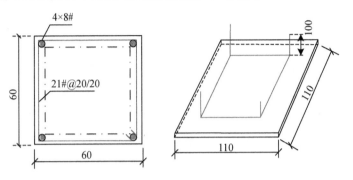

图 2.4   底层柱 1/3 高度柱细部做法(单位: mm)

2.3.3   模型材料

通过对建筑结构缩尺模型进行振动台试验,得到模型在不同采动影响、不同地震峰值及不同地震波作用下的地震动力响应,从而真实模拟建筑结构在煤矿采动损伤、地震等灾害作用下的动力特性。所用材料的物理特性对动力相似试验的可靠性与准确性有着重要影响,为较好地模拟混凝土及钢筋的非弹性性能,选用微粒混凝土和镀锌铁丝制作与原型结构一致的强度模型[103-104、112-117]。

2.3.3.1   微粒混凝土力学性能试验过程

采用微粒混凝土模拟混凝土,粗骨料粒径为 2.5~5.0 mm,细骨料粒径为 0.15~2.5 mm。为了更好地得到微粒混凝土相似物理参数,设计 12 组标准试件,依据《混凝土物理力学性能试验方法标准》(GB/T 50081—2019)规范中 5.0.4、6.0.3、7.0.4 条文规定,进行力学性能测试,试验过程如图 2.5 所示。

(a)抗压强度测试   (b)轴心抗压测试   (c)弹性模量测试

图 2.5   微粒混凝土力学性能试验

微粒混凝土具体力学性能参数如表2.6所示。根据表中试验结果可求得该微粒混凝土轴心抗压强度 f_c 为 32.1 MPa,破坏荷载 F_c 为 723.2 kN,弹性模量 E_c 为 3.15×10^4 MPa。

表 2.6 微粒混凝土力学性能

试件	F_c/kN	f_c/MPa	E_c/MPa
1	713.3	31.7	3.14×10^4
2	758.3	33.7	3.31×10^4
3	767.3	34.1	3.42×10^4
4	686.3	30.5	3.08×10^4
5	738.0	32.8	3.26×10^4
6	668.3	29.7	2.84×10^4
7	717.8	31.9	3.10×10^4
8	751.5	33.4	3.21×10^4
9	733.5	32.6	3.24×10^4
10	693.0	30.8	2.90×10^4
11	666.0	29.6	2.81×10^4
12	785.3	34.9	3.44×10^4

选用微粒混凝土模拟原型混凝土,通过控制配合比使微粒混凝土(1:1.63:2.76:0.53)强度与原型结构(1:2.11:2.77:0.53)设计强度相等,其应力-应变关系如图2.6所示。

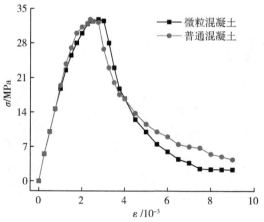

图 2.6 应力-应变关系

2.3.3.2　镀锌铁丝力学性能试验过程

根据《金属材料　拉伸试验　第1部分:室温试验方法》(GB/T 228.1—2010)规范中10.4.2条文规定,截取规定数量、规定长度的镀锌铁丝,试验过程如图2.7所示。

（a）开始拉伸　　　　　　　　　　（b）即将拉断

图 2.7　镀锌铁丝力学性能试验

用镀锌铁丝模拟钢筋,通过电液伺服万能试验机对镀锌铁丝进行拉伸力学性能测试,力学性能参数如表2.7所示,根据表2.7中的试验结果可求得模型用8♯、14♯镀锌铁丝的屈服荷载 F_y 分别为4.27 kN、0.95 kN,破坏荷载 F_u 分别为5.25 kN、1.22 kN,屈服强度 f_y 分别为340.25 MPa、300.50 MPa,抗拉强度 f_u 分别为418.00 MPa、388.00 MPa(这里数值均为平均数,保留两位小数)。

表 2.7　镀锌铁丝力学性能

规格	试件	d/mm	F_y/kN	F_u/kN	f_y/MPa	f_u/MPa
8♯	1	4	4.21	5.38	335	428
8♯	2	4	4.29	5.22	342	416
8♯	3	4	4.21	5.38	335	428
8♯	4	4	4.38	5.02	349	400
14♯	1	2	0.97	1.21	308	385
14♯	2	2	0.92	1.15	293	366
14♯	3	2	0.94	1.22	299	388
14♯	4	2	0.95	1.30	302	413

2.3.4　缩尺模型可控相似常数

在对缩尺模型进行设计时,首先要确定模型的可控相似常数,确定上述参数时有以下几点需要着重考虑:

(1) 模型的平面尺寸,包括设计、固定或吊装需要时必须设置底座或其他转换装置,这些部位的最外轮廓线要落在振动台台面尺寸范围以内。

(2) 模型高度要符合试验场所及附属设施的要求,比如吊车梁最大行走高度、试验场所对高度的限值等。

(3) 模型底座、模型结构构件以及附加人工质量的重量,要在振动台承载力范围之内。

(4) 模型结构所施加的配重不得影响主要构件刚度,条件允许时优先选用密度较大的材料制作配重块。

(5) 模拟地震激励时,输入的地震动力时程曲线,其频率要位于振动台正常工作频率区间内。

(6) 模型吊装上振动台后,要对模型进行调平,并核算其偏心距和倾覆力矩是否满足振动台要求。

通过前面的相似理论分析可知,基本量纲的选取一般为长度、质量和时间,之后通过相似理论表达式推导出其余的相似常数。本模型选用长度相似比 S_l、应力相似比 S_σ、加速度相似比 S_a 作为基本量纲,即 $k=3$,逐步计算出其余 $n-k$,即 $n-3$ 个相似常数。

选用长度相似比 S_l 为 1∶10,因采用强度模型,故与原型材料一致,所以应力相似比 S_σ 为 1;周颖、吕西林等[97]经过大量的试验研究,发现加速度相似比 S_a 宜为 2~3,通过量纲理论定理 $\prod$ 计算可得人工质量配重及其余相似常数,直到符合上述(1)~(6)条要求为止[118-128]。

2.4　结构模型相似关系

2.4.1　模型构件自重相似计算

模型设计参照中国地震局工程力学研究所张敏政推导的一致相似率,并结合似量纲分析法公式推导过程,依据《混凝土结构设计规范》(GB 50010—2010),《建筑抗震设计规范》(GB 50011—2010),以 PKPM 为工具进行构件配筋计算。根据原型质量 m^p、长度相似比 S_l、密度相似比 S_ρ 可计算出缩尺模型构件质量：

$$m^m = m^p S_l^3 S_\rho \tag{2.22}$$

重力和惯性力是振动台试验中作用于结构的主要荷载，为满足似量纲分析的基本条件，需在模型上附加一定的人工质量，适当地模拟重力和惯性力效应。若采用人工质量模型及原型材料时 $S_\rho = 1$，式中 m^p 为原型结构质量。原型结构为蒸压加气混凝土砌块砌筑的二四墙，可计算出 m^p 约为 346.4 t，由公式(2.22)可得 m^m 约为 0.346 4 t。模型质量为模型构件质量 m^m 与人工质量 m_a^m 之和，出于减少试验误差的考虑，附加配重既不能影响构件刚度，又要弥补重力及惯性力效应。根据质量相似比 $S_m = S_E S_l^2$，模型质量由模型构件质量 m^m 与人工附加配重 m_a^m 之和所构成，如公式(2.23)所示。人工质量 m_a^m 的计算按照公式(2.24)进行：

$$S_m = \frac{m^m + m_a^m}{m^p} \tag{2.23}$$

$$m_a^m = m^p \cdot S_\rho \cdot S_l^2 - m^m \tag{2.24}$$

根据公式(2.24)可得人工质量 m_a^m 约为 3.117 6 t。

2.4.2 非结构构件及活载相似计算

活载与非结构构件质量 m_{0m} 可视为刚体质量，对结构体系刚度的影响可近似忽略。所以，活载与非结构构件质量可按公式(2.25)计算：

$$m_{0m} = S_E \cdot S_l^2 \cdot m_{0p} \tag{2.25}$$

式中 m_{0p} 为原型结构中活载与非结构构件质量，其布置与原型结构一致，可通过增设人工质量满足要求。若使用原型材料 $S_E = 1$，经计算 m_{0m} 约为 1.92 t。

2.4.3 物理量相似计算

m_a^m 与 m_{0m} 之和为需要附加的人工质量 5.04 t，加上模型结构 0.346 4 t 及底座 0.3 t，共计 5.686 4 t，在振动台极限承载力 10 t 范围内。配重采用大密度混凝土试块，经过计算，若 5.04 t 的配重全部施加到各楼层，会与上一层连在一起，影响结构构件刚度，故人工质量模型无法实现。采用欠人工质量模型，由牛顿第二定律 $F = ma$ 可知，试验模型惯性力不变，减少配重则增大加速度相似系数 S_a。一致相似率中利用等效质量密度 $\overline{S}_{mp}$ 来表示人工质量设置量，计算公式如 2.26 所示：

$$\bar{S}_{mp} = (m_m + m_a + m_{0m})/[S_l^3(m_p + m_{0p})] \tag{2.26}$$

加速度相似系数 S_a 越大，对结构内力的不相似性影响越大，在试验过程中尽量减少其放大倍数，最大限度保证结构动力相似性。周颖、吕西林等[121-126]通过大量振动台试验证明 S_a 位于 2~3 之间，结构重力失真效应减到最小，同时保证 $S_a \cdot S_\varepsilon \leqslant 1$。$S_a$ 的计算公式如下：

$$S_a = 1/(S_l \cdot \bar{S}_{mp}) \tag{2.27}$$

模型中活载、非结构构件质量 m_{0m} 及人工质量 m_a 通过配重来模拟，该模型中 m_{0m} 与 m_a 之和取 2.345 6 t，由公式(2.26)和公式(2.27)计算等效质量密度 $\bar{S}_{mp} = 5$、加速度相似系数 $S_a = 2$，此时柱的最大轴压比为 0.42。模型重力效应达到应有重力效应的(0.346 4 + 2.345 6)/(3.464 + 1.92)×100% = 50%，虽然没达到人工质量模型总质量的 75%，但是对柱底进行了加固，避免因人工质量不足出现模型底部早于实际结构破坏的情况，减小了试验误差[125]。试验模型相似关系如表 2.8 所示。

表 2.8 试验模型相似关系

物理量	相似比
长度	$S_l = 0.1$
变位	$S_r = 0.1$
应力	$S_\sigma = 1$
弹性模量	$S_E = 1$
速度	$S_V = \sqrt{1/\bar{S}_{mp}} = 0.447$
频率	$S_f = \sqrt{1/\bar{S}_{mp}}/S_l 8 = 4.47$
时间	$S_t = S_l\sqrt{\bar{S}_{mp}} = 0.224$
加速度	$S_a = S_E/(S_l\bar{S}_{mp}) = 2$
等效密度	$\bar{S}_{mp} = (m_m + m_a + m_{0m})/[S_l^3(m_p + m_{0p})] = 5$

2.5 模型主体及其他配件设计

2.5.1 模型主体设计

模型主体设计经过钢筋绑扎—外模与内膜设计—微粒混凝土拌制—模型浇筑—主体成型 5 个主要环节,具体过程如图 2.8 所示。

(a) 钢筋绑扎

(b) 外模制作

(c) 内模制作

(d) 微粒混凝土

(e) 分层浇筑　　　　　　　　　　(f) 主体成型

图 2.8　模型施工过程

如图 2.8(a)所示，首先是柱钢筋的绑扎。如图 2.8(b)所示，模型外模板采用方钢制作，便于在施工过程中整体滑升，每次滑升一层，每次浇筑一层。如图 2.8(c)所示，内膜按照梁、板、柱所在位置切割成一定的空间，形成构件所需的空间，内模板由泡沫塑料加工而成，该材料质量轻，易加工成各种形状，施工完毕后容易拆模，即使局部不能拆除，其对结构构件刚度的影响也非常小，基本可以忽略不计。如图 2.8(d)、(e)、(f)所示，拌制好的微粒混凝土在浇筑过程中要振捣密实，待该层强度符合要求后铺设下一浇筑层的模板与钢筋，按照流程完成整个缩尺模型的制作。

在施工过程中，既要定时检查构件尺寸、轴线距离及柱的垂直度，又要做好微粒混凝土试块的留置。每浇筑一层，即外模每滑升一次，梁板、柱所使用的微粒混凝土各留置三块，标准养护 28 d 后，测定其抗压强度和弹性模量，以便更好地控制施工过程质量，确保相似设计的合理性。

2.5.2　其他配件设计

模型底座与振动台之间的连接采用高强度螺栓，首先在模型底座底部焊接一块 8 mm 厚的钢板，钢板上预留的螺栓孔直径、位置要与振动台上的锚固螺栓孔相对应，以方便连接。不均匀沉降施加装置各部分如图 2.9 所示。

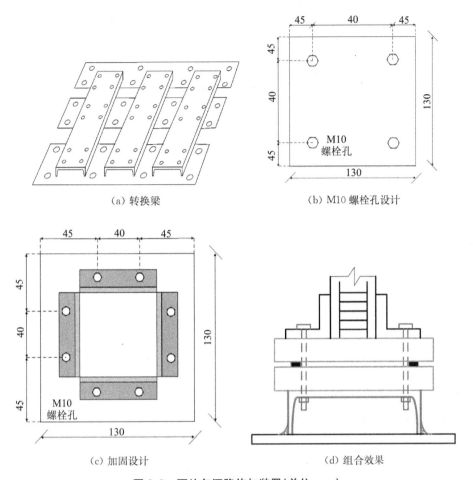

(a) 转换梁

(b) M10 螺栓孔设计

(c) 加固设计

(d) 组合效果

图 2.9　不均匀沉降施加装置(单位:mm)

对于模型底座与柱底部的连接,先将 8 mm 厚的钢板焊接在模型底座顶部,再将钢板与柱脚的钢筋焊接在一起(柱脚可做 50～100 mm 的钢筋加密区),并与柱一同浇筑。

2.5.3　模型配重设计

在增加配重时,按照图 2.10 所示进行附加配重布置,配重底部涂抹高黏度环氧砂浆,并搓压几下以增强其黏结效果,之后检查配重块间的间隙是否有多余的砂浆,若有将其刮掉,以便降低对楼板刚度的影响(重力失真及加速度放大),进而提高试验数据的可靠性。

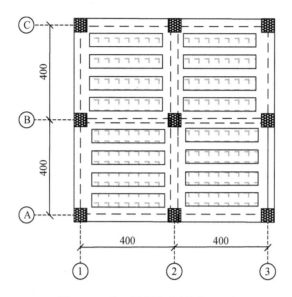

图 2.10 人工质量分布(单位:mm)

2.6 模型吊装上振动台

2.6.1 模型上振动台前的准备工作

根据文献[97]关于振动台试验准备工作的论述可知,为准确控制缩尺模型与原型结构之间相似比,上振动台前需要做如下准备工作。

1. 材料性能复核

(1) 抗压强度测试,参照 2.3.3.1 小节执行。

(2) 弹性模量测试,参照 2.3.3.2 小节执行。

2. 第一次动态性能测试

通过传递函数获得模型结构未施加附加质量时的基频。模型内外模拆除完成后,在模型顶部和底部安置加速度传感器或脉动感应器,并与数据采集系统相连,分别测试结构 X、Z 方向在脉动作用下的反应。

3. 调整相似关系

在获得构件模型材料强度、弹性模量和第一次测得模型动力特性后,调整模型相似关系。条件允许的话,预估模型试验可能的相似关系,并挑选 2～3 组合理的相似关系,以备系统标定时使用。

4. 附加人工质量分布设计

附加人工质量的分布原则:各楼层均匀布置配重块;保证缩尺模型总质量与原型符合相似关系要求;严格按照附加质量分布图 2.10 施工;保证各楼层配重块上下对齐(避免偏心距)。

5. 传感器的标定

模型未吊装上振动台之前,要去除信号不稳定或损坏的各类传感器。将位移、加速度传感器固定到振动台台面中部,启动振动台,获取一段数据后,根据信号调整有问题的加速度或位移传感器,反复测试后排除无法使用的传感器,其余的封装保存好以备试验时采用。

2.6.2 试验模型上振动台及后续工作

根据文献[97]关于试验模型上振动台的相关表述,为准确采集试验数据,上振动台后需要做如下几项工作。

1. 模型吊装

按照试验方案确定的的方向和位置,将模型由制作场地吊装到振动台上,定位校准后,对穿螺杆拧紧螺帽(图 2.11)。

(a) 校准　　　　　　　　　(b) 固定

图 2.11　模型定位

2. 附加质量分布施工

按照附加质量分布图,布置质量块。质量块与模型之间通过质量块黏结,砂浆要适量,过少,黏结不牢,增加试验期间的危险性;过多,硬化后的砂浆会增大模型的刚度,影响试验结果的准确性。

3. 第二次动态性能测试

模型所需人工质量布置完之后,按照第一次动态性能传感器布置方法布设传感器,并结合修正后的模型相似关系,进行第二次动态性能测试。进一步对相似关系进行验证,得到动力试验最终相似关系。

4. 调整相似关系

根据上述 1～3 项测试结果,确定最终试验相似关系。

5. 布置传感器

按照试验方案中关于测点布置图(见图 3.1)要求布置传感器。若布置三种传感器,通常按照应变片、加速度传感器、位移计的顺序进行。布置的同时记录通道号,在计算机终端检查各通道是否正常畅通。传感器的通道号按测点汇总后,应在试验前对各通道进行最后一次复验。

6. 其他准备工作

(1) 模型表面标记楼层号。

(2) 按照试验方案,详细编制各工况信息:输入地震波、幅值等。

(3) 在振动台安全区域范围外围架设录像设备,拍摄试验过程。

(4) 制作并打印多份工况表,以便对试验过程中的问题随时进行记录等。

2.7 本章小结

本章基于开采沉陷学、结构动力学,似量纲分析法与一致相似率,主要进行地震模拟振动台缩尺模型的设计与制作,主要研究内容如下:

(1) 选取黑龙江某矿业公司办公楼,横向与纵向各取两跨,计算缩尺模型各构件截面尺寸及主要构件配筋,对模型所用材料微粒混凝土与镀锡铁丝进行力学性能试验,作为支撑相似试验的重要参数。

(2) 根据似量纲分析理论对模型必要物理过程物理量的相似关系进行了计算,并结合一致相似率,考虑非结构构件与活荷载后对缩尺模型配重进行了计算,进而确定本章所采用的人工质量模型。

(3) 对模型框架主体施工过程进行了介绍,为更好地模拟采动影响,本研究设计了采动模拟试验台,并给出了最终的试验图。

(4)对模型吊装上振动台前的准备要点作了详细介绍,校验模型施工材料性能(抗压强度与弹性模量)参数与设计参数是否一致,结合两次动态性能测试结果,进一步修正相似关系,并对试验中的传感器进行标定,最后介绍了试验模型上振动台所需要做的具体事项。

3 采动影响下建筑结构振动台试验研究

3.1 研究目的与内容

3.1.1 试验研究目的

目前,关于煤矿采动对建筑物破坏的影响,多关注于采空区变形预测及建筑物损害评价方法[129-134],而与模拟采动作用有关的建筑结构振动台试验研究相对较少。采动作用对建筑物影响的评价多侧重于建筑物抗地表水平移动变形试验及建筑物损害等级评定方法等方面[135-136]。为了更好地研究采空区边缘地带建筑物在地震灾害发生时其灾变演化规律,本研究设计了一个六层的钢筋混凝土框架结构模型,通过采动模拟试验台模拟对煤矿采动影响下建筑物产生不均匀沉降,并对其进行不同工况下的振动台试验研究。

3.1.2 试验研究内容

考虑到吊车梁的最大起重能力,钢结构要比混凝土的质量轻许多,本研究设计了一个型钢底座用来代替传统的混凝土底座,该钢结构底座既可以与振动台台面固定,又可以连接柱脚的不均匀沉降施加装置。振动台台面上安装完底座后,在台面上放线标定不均匀沉降施加装置的对应位置。对于没有采动影响的抗震工况,不均匀沉降施加装置应位于同一水平面。在试验过程中,振动台台面及模型的每一层都应布置加速度传感器,结构顶层应布置位移传感器,首层柱纵筋应预埋应变片,结构构件的其他重要部位应粘贴应变片,并且要采集各工况的应力应变动态数据。该试验的主要研究内容如下。

(1)通过白噪声扫频获得各工况在震前、震后的结构自振频率。

(2)获得不同工况在不同烈度下的加速度、位移等试验数据。

(3)不同采动损伤影响下,同一地震峰值,建筑物滞回耗能和阻尼耗能变化规律。

(4)不同工况下,首层柱纵筋应力应变变化规律。

（5）受采动影响的建筑结构在地震动力作用下的破坏状态及倒塌机制。

3.2　数据采集与加载方案

3.2.1　测点布置及采集系统

1. 测点布置

图 3.1 为模型传感器布置图，9 个 1A202E 型加速度传感器分别布置在每个楼层 a_2 测点及顶层的 a_1、a_3 和台面上，如图 3.1(a)，用于采集模型各层加速度。应变片传感器用于量测混凝土及钢筋的应变响应。9 个 LVDT 位移计布置在台面和每个楼层 L_1 处、顶层 w_1 和 w_2 处用来监测可能出现的扭转变形，试验模型应变片布置如图 3.1(b)所示。数据采集系统（DH5925、DH3817K）采集各工况在地震激励下的加速度、位移及应变响应数据。

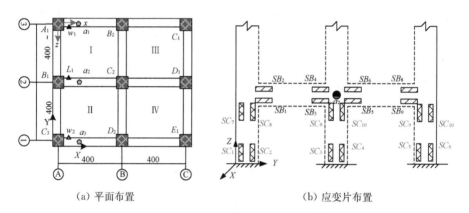

（a）平面布置　　　　　　　　　　（b）应变片布置

图 3.1　平面测点及传感器布置

传感器量测具体通道布置如表 3.1 所示。

表 3.1　量测方案布置

传感器编号	量程	线号	通道号	测试方向	测点位置
1A202E－1	$\pm 5g$	白色	DH－1	X	台面
1A202E－2	$\pm 5g$	白色	DH－2	X	a_2
1A202E－3	$\pm 5g$	白色	DH－3	X	a_2
1A202E－4	$\pm 5g$	白色	DH－4	X	a_2
1A202E－5	$\pm 5g$	白色	DH－5	X	a_2

传感器编号	量程	线号	通道号	测试方向	测点位置
1A202E-6	±5g	白色	DH-6	X	a_2
1A202E-7	±5g	白色	DH-7	X	a_2
1A202E-8	±5g	灰色	DH-8	X	a_1
1A202E-9	±5g	灰色	DH-9	X	a_3
WY-1	±100 mm	蓝红	DH-10	X	台面
WY-2	±100 mm	蓝红	DH-11	X	L_1
WY-3	±100 mm	蓝红	DH-12	X	L_1
WY-4	±100 mm	蓝红	DH-13	X	L_1
WY-5	±100 mm	蓝红	DH-14	X	L_1
WY-6	±100 mm	蓝红	DH-15	X	L_1
WY-7	±100 mm	蓝红	DH-16	X	L_1
LVDT-8	±100 mm	黑色	DH-17	X	w_1
LVDT-9	±100 mm	黑色	DH-18	X	w_2
应变片	±10 000 $\mu\varepsilon$	黄色	1~48	—	SB-SC

2. 采集系统及传感器

（1）DH5925 采集仪：16 个通道同时工作时，每个通道最高采样速率为 12.8 kHz，瞬态采样（最大采样长度为每个通道 256 k 点）；滤波方式：模拟滤波＋实时数字滤波组合抗混滤波器（通过采样实现）；采样点数：128 点/转，对应的转速范围为 30~18 000 转/分。见图 3.2。

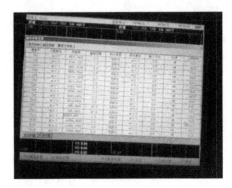

（a）DH5925 采集仪   （b）数据采集界面

图 3.2　DH5925 采集系统

（2）DH3817K 采集仪，测量点数为 32，连续采样速率为 1 kHz，最大分析频宽为 390 Hz，应变片灵敏度系数为 1.0～3.0，自动修正，最高分辨率为 1 $\mu\varepsilon$，抗混滤波器滤波方式为每个通道独立的模拟滤波＋DSP 数字滤波。

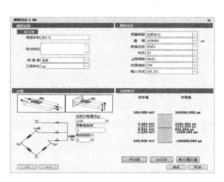

（a）DH3817K 采集仪　　　　　　（b）应力-应变设置界面

图 3.3　DH3817K 采集系统

（3）传感器。① 加速度计：采用东华测试生产的 IEPE 压电式加速度传感器，如图 3.4(a)所示。轴向灵敏度（23℃±5℃）107.6 mV/m/s²，量程±5 g，最大横向灵敏度<5%，输出阻抗< 100 Ω。② 位移计：分辨率<0.1 μm，重复误差<5 μm，位移量程±100 mm，灵敏度为 0.025%/℃，如图 3.4(b)所示。③ 应变片：所用应变片规格为 BX120 - 50AA，电阻值 120±1 Ω，应变极限为 2 000 μm/m，灵敏系数为 2.0±1%。

（a）加速度计　　　　　　　　　　（b）位移计

图 3.4　加速度计与位移计

3.2.2　试验用地震波

　　建筑结构振动台试验对于地震动的选择除了要考虑场地特征、设防烈度等因素外,还应综合考虑地震加速度峰值、持续时间及频谱特性三要素,同时,要使结构的自振频率远离地震波主要频率区间。地震动峰值作为抗震设防的标准,对地震波峰值的调整按照公式(3.1)调整。地震激励的持续时间主要对建筑结构输入能量的多少有影响[137-138]。不同性质的地震激励时程曲线,不同的时程分析法,其计算结果都会有一定的差别。因此,国内外研究表明,关于地震动力时程曲线的选择对试验结果有着重要的影响[137-139]。为了使振动台试验能够更好地模拟原型结构未来的动力响应,进一步提高试验结果的精确度,合理地选择输入到振动台中的地震波,对分析结果起着至关重要的作用。

$$a'(t) = \frac{a'_{max}}{a_{max}}a(t) \tag{3.1}$$

式中, $a'(t)$ 、 $a(t)$ 分别为调整后加速度时程曲线、原始加速度时程曲线; a'_{max} 、 a_{max} 分别为抗震设防要求的加速度时程曲线峰值、原始加速度时程曲线峰值。

表 3.2　时程分析时输入地震加速度的最大值(g)

设防烈度	6 度	7 度	8 度	9 度
多遇地震	0.018	0.035(0.055)	0.070(0.110)	0.140
设防地震	0.050	0.100(0.150)	0.200(0.300)	0.400
罕遇地震	0.120	0.220(0.310)	0.400(0.510)	0.620

注:7、8 度时括号内的数值分别用于设计基本地震加速度为 0.150 g 和 0.300 g 的地区,此处 g 为重力加速度。

　　结合有关规范[140-141]规定,本试验结合原型结构地震分组(第一组)、所处场地类别(二类),选用三条地震波,其中两条为强震记录。EI-Centro 地震波于 1940 年 5 月 18 日,在美国加利福尼亚州南部,被埃尔森特罗县安放的一台强震仪记录下来的,该波强震区域持续时间 26 s,N－S 方向最大加速度为 $0.349g$,E－W 方向最大加速度为 $0.214g$,竖向最大加速度峰值为 $0.210g$,是人类对地震波形态记录中最早的,具有很强的代表性;Taft 地震波于 1952 年记录于美国加利福尼亚州,N－S 方向最大加速度为 $0.156g$,E－W 方向最大加速度为 $0.179g$,竖向最大加速度峰值为 $0.105g$,由于该地震波记录过程及形态较为完整,在国内外地震工程界使用范围最广;清华大学防灾减灾研究所陆新征基于 MIT D Gasparini 和 E Vanmarcke 开发的 SIMQKE 程序,结合中国的规范反应谱,生成人工地震动。三条地震波持续时间均取 15 s,时间间隔为 0.02 s,峰值按规范调整。关于地震波持续时间的选择,应满足下面几点要求[140-144]:

(1) 对于所选地震波的时间范围应包括该地震动原始记录的最强部分。

(2) 持续时间为结构自振周期的 5~10 倍,且不应小于 12 s。框架结构自振周期 $T=(0.12\sim0.15)N$;框-剪和框-筒结构自振周期 $T=(0.08\sim0.12)N$;剪力墙和筒中筒结构自振周期 $T=(0.04\sim0.06)N$,其中 N 为结构总层数。

(3) 与地震分组和场地类别相协调。

所选 EI-Centro 波加速度时程曲线及其反应谱如图 3.5 所示。

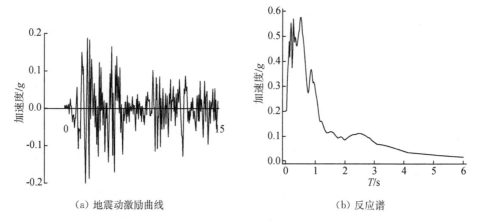

(a) 地震动激励曲线　　　　　　　　(b) 反应谱

图 3.5　EI-Centro 时程曲线及反应谱

所选 Taft 波加速度时程曲线及其反应谱如图 3.6 所示。

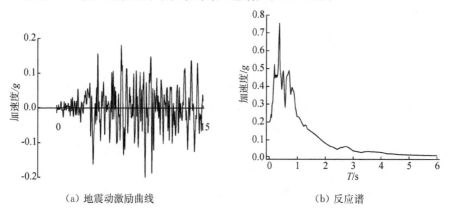

(a) 地震动激励曲线　　　　　　　　(b) 反应谱

图 3.6　Taft 时程曲线及反应谱

所选人工波加速度时程曲线及其反应谱如图 3.7 所示。

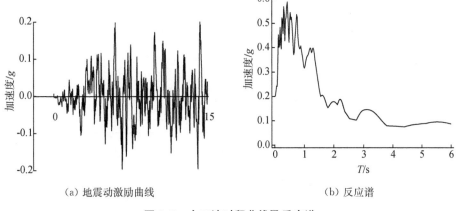

（a）地震动激励曲线　　　　　　　（b）反应谱

图 3.7　人工波时程曲线及反应谱

3.2.3　地震波输入顺序及加载工况

3.2.3.1　地震波输入顺序

振动台地震模拟过程是一个损伤不断积累的过程,所以地震动力激励顺序的确定,很大程度上将影响试验结果的精准性与有效性。

计算结构振型参与质量达 50% 对应周期点处,选定地震波的反应谱值,将各地震波在主要周期点处各方向上的值,按水平 1:水平 2:竖向的关系,分别以 1:0.85:0.65 加权求和,按该求和值从小到大的顺序,确定地震激励的加载顺序,具体步骤如下。

（1）结合研究对象所处场地类型及当地设防烈度,计算出地震反应谱,然后将计算结果调整为加速度反应谱。

（2）按规范要求初步选定 3～4 条试验用地震加速度曲线,之后分别对其作反应谱分析,最后将所得结果与设计反应谱一起进行振型参与质量分析。

（3）计算结构振型参与质量达 50% 对应各周期点处的地震波反应谱值;检查周期点处的包络值与设计反应谱值相差不超过 20%;如不满足,则回到第（2）步重新选择地震波。

（4）统计结构振型参与质量不低于 50% 所对应的主要周期点,确定这些点相应的反应谱值;将各地震波在主要周期点处各方向上的值,按水平 X:水平 Z:竖向的关系,进行 1:0.85:0.65 加权求和;将所得计算结果按照升序方式排序,即可得到所选地震波的激励顺序。

三条地震波的峰值统一调整到规定的设防烈度,并对其作反应谱分析,从图 3.8 中的反应谱包络图来看,三条波的反应谱能在结构相应周期内与设计反应

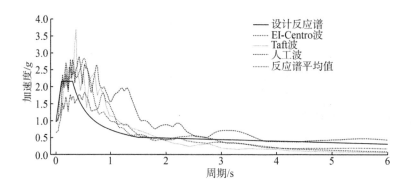

图 3.8　地震波反应谱与设计反应谱

谱拟合较好,基本能用该三条波反应均值进行振动台地震模拟试验。

3.2.3.2　加载工况

依据《建筑物、水体、铁路及主要井巷煤柱留设与压煤开采规范》(2017 版),该试验模拟以 0 mm/m、2 mm/m、4 mm/m、6 mm/m 四种不均匀沉降工况,共计有小工况 36 种,并按照 3.2.1 小节中的方案布置好加速度和位移传感器后,通过白噪声扫频采集模型自振频率,选择 EI-Centro 波、Taft 波和人工波作为输入地震波,分别采集各测点加速度、位移及应变。试验分两大类,第一类为普通动力试验,根据设防烈度及加速度相似比调整三条波的加速度峰值,具体加载工况如表 3.3 所示;第二类为动力破坏试验,具体加载工况如表 3.4 所示。

表 3.3　普通动力试验工况

序号	工况	设防烈度	输入波的类型	地震激励峰值/g	加速度记录编号
1	模型一 0 mm/m	7 度设防	W1	0.05	W1 - 0.05g - X
2			EI-Centro	0.20	EI - 0.20g - X
3			Taft	0.20	Taft - 0.20g - X
4			人工	0.20	RG - 0.20g - X
5		8 度设防	W2	0.05	W2 - 0.05g - X
6			EI - Centro	0.40	EI - 0.40g - X
7			Taft	0.40	Taft - 0.40g - X
8			人工	0.40	RG - 0.40g - X
9			W3	0.05	W3 - 0.05g - X

序号	工况	设防烈度	输入波的类型	地震激励峰值/g	加速度记录编号
10	模型二 2 mm/m	7 度设防	W4	0.05	W4 − 0.05g − X
11			EI - Centro	0.20	EI − 0.20g − X
12			Taft	0.20	Taft − 0.20g − X
13			人工	0.20	RG − 0.20g − X
14		8 度设防	W5	0.05	W5 − 0.05g − X
15			EI - Centro	0.40	EI − 0.40g − X
16			Taft	0.40	Taft − 0.40g − X
17			人工	0.40	RG − 0.40g − X
18			W6	0.05	W6 − 0.05g − X
19	模型三 4 mm/m	7 度设防	W7	0.05	W7 − 0.05g − X
20			EI - Centro	0.20	EI − 0.20g − X
21			Taft	0.20	Taft − 0.20g − X
22			人工	0.20	RG − 0.20g − X
23		8 度设防	W8	0.05	W8 − 0.05g − X
24			EI - Centro	0.40	EI − 0.40g − X
25			Taft	0.40	Taft − 0.40g − X
26			人工	0.40	RG − 0.40g − X
27			W9	0.05	W9 − 0.05g − X
28	模型四 6 mm/m	7 度设防	W10	0.05	W10 − 0.05g − X
29			EI - Centro	0.20	EI − 0.20g − X
30			Taft	0.20	Taft − 0.20g − X
31			人工	0.20	RG − 0.20g − X
32		8 度设防	W11	0.05	W11 − 0.05g − X
33			EI - Centro	0.40	EI − 0.40g − X
34			Taft	0.40	Taft − 0.40g − X
35			人工	0.40	RG − 0.40g − X
36			W12	0.05	W12 − 0.05g − X

普通动力试验结束后,将三条地震波的加速度峰值依次调大为 $0.60g$、

0.80g,进行动力破坏试验,直到结构倒塌破坏为止。

表 3.4 动力破坏试验工况

序号	工况	输入波的类型	地震激励峰值/g	加速度记录编号
1	模型一/0 mm/m	W1	0.05	W1 - 0.05g - X
2		EI - Centro	0.60	EI - 0.60g - X
3		Taft	0.60	Taft - 0.60g - X
4		人工	0.60	RG - 0.60g - X
5		W13	0.05	W13 - 0.05g - X
6		EI - Centro	0.80	EI - 0.80g - X
7		Taft	0.80	Taft - 0.80g - X
8		人工	0.80	RG - 0.80g - X
9		W14	0.05	W14 - 0.05g - X
10	模型二/2 mm/m	W4	0.05	W4 - 0.05g - X
11		EI - Centro	0.60	EI - 0.60g - X
12		Taft	0.60	Taft - 0.60g - X
13		人工	0.60	RG - 0.60g - X
14		W15	0.05	W15 - 0.05g - X
15		EI - Centro	0.80	EI - 0.80g - X
16		Taft	0.80	Taft - 0.80g - X
17		人工	0.80	RG - 0.80g - X
18		W16	0.05	W16 - 0.05g - X
19	模型三/4 mm/m	W7	0.05	W7 - 0.05g - X
20		EI - Centro	0.60	EI - 0.60g - X
21		Taft	0.60	Taft - 0.60g - X
22		人工	0.60	RG - 0.60g - X
23		W17	0.05	W17 - 0.05g - X
24		EI - Centro	0.80	EI - 0.80g - X
25		Taft	0.80	Taft - 0.80g - X
26		人工	0.80	RG - 0.80g - X
27		W18	0.05	W18 - 0.05g - X

序号	工况	输入波的类型	地震激励峰值/g	加速度记录编号
28		W10	0.05	W10 - 0.05g - X
29		EI - Centro	0.60	EI - 0.60g - X
30		Taft	0.60	Taft - 0.60g - X
31	模型四/	人工	0.60	RG - 0.60g - X
32	6 mm/m	W19	0.05	W19 - 0.05g - X
33		EI - Centro	0.80	EI - 0.80g - X
34		Taft	0.80	Taft - 0.80g - X
35		人工	0.80	RG - 0.80g - X
36		W20	0.05	W20 - 0.05g - X

3.2.4 采动灾害模拟试验台设计

3.2.4.1 采动灾害模拟试验装置

模型与振动台的连接采用 M20 高强螺栓,每个柱配备两块 8 mm 钢板,每块钢板四个角预留 4 个 M10 锚孔,其中一块钢板与柱钢筋焊接并与柱一同现浇。两块钢板之间按图 3.9(a) 安置两个螺母,便于通过螺母调节柱脚高度,利用千分表监测柱脚位移量,实现不均匀沉降(GB 50007—2011 中条文 5.3.4 规定倾斜值为柱基沉降差与柱距之比,故其相似比为 1)精准控制。钢板锚孔无法与振动台台面螺栓孔对应,需设置转换梁将模型固定于振动台上,转换梁由预留 M20 锚孔的钢板和槽钢组成,底座质量约为 0.3 t,可灵活拆卸并重复利用,具体如图 3.9 所示。

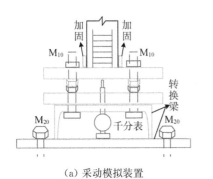 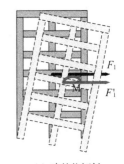

（a）采动模拟装置　　　（b）采动模拟装置平面布置　　　（c）建筑物倾斜

图 3.9　采动模拟试验台

3.2.4.2 采动灾害模拟方法

（1）利用图 3.9(a) 中的装置，遵循角柱—边柱—中柱的顺序对每个柱脚施加对应的竖向位移。

（2）如图 3.9(b) 所示，A_1 作为参考点，先对 E_1 施加竖向位移后并检查 C_1 和 C_3 是否达到规定值，之后微调边柱 B_1、B_2 和 D_1、D_2 使其达到设计值。

（3）最后校核中柱 C_2。

3.3 模型动力特性分析

地震激励前后对各工况进行白噪声扫频，分析台面测点 a_0、顶层测点 a_2 的传递函数及加速度频谱特性，得到各工况下模型自振频率动力特性，如图 3.10 所示。采动影响或地震激励前后，通过结构的自振频率变化可以对结构的损伤情况进行评估，结构自振频率减少则表明结构有损伤变化，表现为刚度折减，自振频率的变化率可以体现出结构的损伤程度[145-146]。

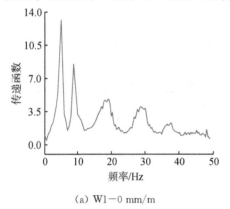

(a) W1-0 mm/m

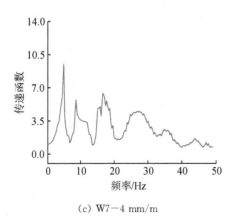

(c) W7-4 mm/m

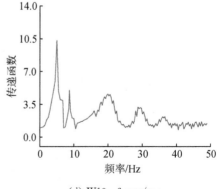

(b) W2-2 mm/m

(d) W10-6 mm/m

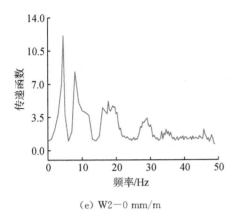

（e）W2－0 mm/m

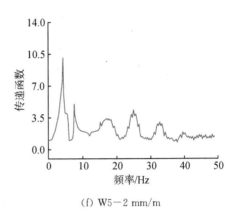

（f）W5－2 mm/m

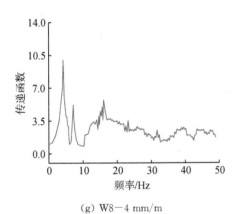

（g）W8－4 mm/m

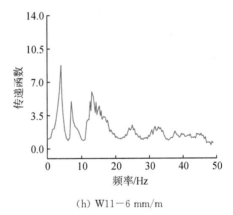

（h）W11－6 mm/m

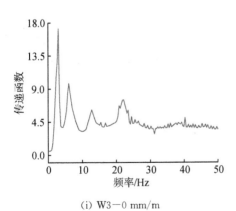

（i）W3－0 mm/m

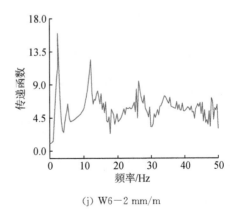

（j）W6－2 mm/m

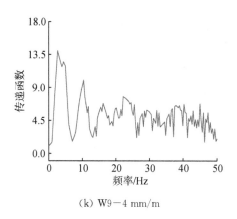

(k) W9－4 mm/m

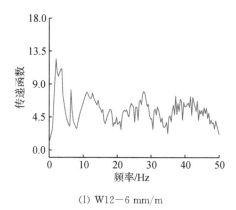

(l) W12－6 mm/m

图 3.10　结构各工况自振频率

当建筑物不均匀沉降量为 0 mm/m、2 mm/m、4 mm/m、6 mm/m 时,震前一阶频率分别为 5.050 Hz、4.970 Hz、4.875 Hz、4.760 Hz,模型一和模型二初始刚度相差不大,随着建筑物不均匀沉降量的增大,结构自振频率逐渐降低,各工况较模型一其一阶频率分别降低了 1.58%、3.46%、6.72%,此说明受采动影响后结构附加应力增加,部分构件发生初始损伤,结构刚度出现不同程度退化,影响结构自振频率。输入 0.20g 地震激励后,模型一第一频率为 4.530 Hz,建筑物不均匀沉降量为 2 mm/m、4 mm/m、6 mm/m 时,震后一阶频率较模型一分别降低了 4.17%、8.91%、12.21%;采动作用引起的不均匀沉降量越大,结构产生的附加应力越大,结构构件越容易产生初始损伤裂缝,同时,在裂缝局部结构将失去抗拉刚度,裂缝闭合时仍具有的一定的抗压刚度。在地震荷载往复作用下,裂缝不断地张开-闭合形成"呼吸裂缝",结构的损伤随时间而变化,表现为新裂缝不断产生,原有的裂缝不断的扩展延伸,地震动力对结构造成的损伤越严重,地震作用后频率降低幅值越大,地震作用下结构次生损伤加剧使结构体系变柔,刚度下降越明显,结构稳定性降低。

$$f = \frac{\omega}{2\pi} = \frac{1}{2\pi}\sqrt{\frac{k}{m}} \qquad (3.2)$$

式中,f 为结构频率;k 为缩尺模型整体刚度;m 为缩尺模型质量;ω 为结构圆频率。

随着地震作用的不断增强,在 0.40g 地震动力扰动下,建筑物不均匀沉降量为 0 mm/m、2 mm/m、4 mm/m、6 mm/m 时,震后结构所对应的一阶频率分别为 3.139 Hz、2.872 Hz、2.747 Hz、1.922 Hz,与 0.20g 地震作用后的结构频率相比,结构各模型一阶频率大幅度降低,受采动影响越严重的工况,其一阶频率减少量越大。在0.20g的地震激励下,结构构件产生不同程度的损伤裂缝,构件的局部损伤范围不断扩大,梁端或柱端的薄弱区逐渐发展为机构体系形成塑性铰,与0.40g作用下的模型一相比,其一阶频率分别降低了8.51%、12.49%、38.77%。地震作用增强以后,结构的累积损伤不断加剧,尤其是模型四频率降低最多,结构刚度折减非常严重,加剧了结构倒塌的风险。

表3.5 模型结构频率

序号	工况	设防烈度	地震激励	峰值/g	加速度记录编号	一阶	二阶	三阶
1	模型一 0 mm/m	7度设防	W1	0.05	W1 - 0.05g - X	5.050	8.792	16.271
2			EI - Centro	0.20		—	—	—
3			Taft	0.20		—	—	—
4			人工	0.20		—	—	—
5		8度设防	W2	0.05	W2 - 0.05g - X	4.530	7.920	15.704
6			EI - Centro	0.40		—	—	—
7			Taft	0.40		—	—	—
8			人工	0.40		—	—	—
9			W3	0.05	W3 - 0.05g - X	3.139	5.905	12.736
10	模型二 2 mm/m	7度设防	W4	0.05	W4 - 0.05g - X	4.970	8.751	16.112
11			EI - Centro	0.20		—	—	—
12			Taft	0.20		—	—	—
13			人工	0.20		—	—	—
14		8度设防	W5	0.05	W5 - 0.05g - X	4.264	7.510	15.132
15			EI - Centro	0.40		—	—	—
16			Taft	0.40		—	—	—
17			人工	0.40		—	—	—
18			W6	0.05	W6 - 0.05g - X	2.872	5.249	12.015

序号	工况	设防烈度	地震激励	峰值/g	加速度记录编号	一阶	二阶	三阶
19			W7	0.05	W7-0.05g-X	4.875	8.684	15.951
20		7度设防	EI-Centro	0.20		—	—	—
21			Taft	0.20		—	—	—
22			人工	0.20		—	—	—
23	模型三 4 mm/m		W8	0.05	W8-0.05g-X	4.071	7.187	13.986
24		8度设防	EI-Centro	0.40		—	—	—
25			Taft	0.40		—	—	—
26			人工	0.40		—	—	—
27			W9	0.05	W9-0.05g-X	2.747	4.461	10.358
28			W10	0.05	W10-0.05g-X	4.760	8.612	15.728
29		7度设防	EI-Centro	0.20		—	—	—
30			Taft	0.20		—	—	—
31	模型四 6 mm/m		人工	0.20		—	—	—
32			W11	0.05	W11-0.05g-X	3.796	6.960	12.170
33		8度设防	EI-Centro	0.40		—	—	—
34			Taft	0.40		—	—	—
35			人工	0.40		—	—	—
36			W12	0.05	W12-0.05g-X	1.922	3.666	6.297

3.4 模型动力响应分析

3.4.1 数据处理方法研究

振动台试验采集到的加速度数据、位移数据、应变数据,由于系统采集频率较高,系统采集的数据数量庞大,成分复杂,一般从理论上来讲,将采集到的加速度数据进行一次积分和二次积分,可以分别获得测点的速度和位移。将采集到的位移信号进行一次微分和二次微分,可以分别得到各测点的速度和加速度。通常情况下,测点上的传感器容易受外界环境温度变化、试验过程中仪器的噪声的影响,信号会呈现"零点漂移"现象,导致采集到的数据信号偏离基线,低频部分频谱不稳定,容易丧失真实性[147-153]。

若将以上数据采用手工处理,既耗费时间,效率又低,处理过程中的累积误差还会影响结果精确度。因此,采用美国 Math Works 公司研发的 MATLAB 软件分析处理振动台试验数据,处理内容包括两项:一是分析各测点的传递函数;二是对各测点数据进行预处理和积分。

(1)分析各测点传递函数

在振动台模拟地震试验过程中,试验前后均对各工况进行低频白噪声激励,将各测点白噪声反应信号对台面白噪声反应信号作传递函数,得到振动系统的相频与幅频特性,进而求得模型的自振频率及自振周期[154-156]。

(2)数据预处理和积分

试验数据呈现的"零点漂移"及"偏离基线"现象属于趋势项[152-153]。在对数据进行处理之前首先要进行趋势项消除,其基本原理为最小二乘法,通过 MATLAB 中的 polyfit 函数与 polyval 函数来实现,具体流程如图 3.11 所示。

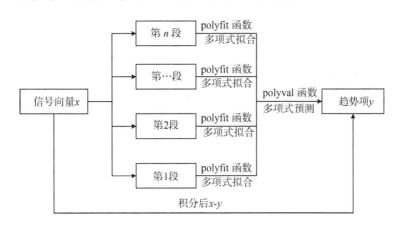

图 3.11　趋势项消除流程

其次是滤波,方法有频域分析与时域分析两种,从采集的信号中排除干扰信号、去除试验过程中的噪声、提取特定波段或频率。该试验采用频域滤波,利用 FFT 算法去除输入信号需要滤除的频率成分,再通过 IFFT 变换逆向恢复初始时域信号向量,经过上述数据处理方法后的加速度信号,就可以通过时域或频域积分获得各测点速度和位移[154-158]。

3.4.2　加速度反应分析

1. 加速度时程曲线

通过布设在四个模型上的加速度传感器,对各个模型在不同工况下的地震反应进行数据采集,利用 3.4.1 节中的数据处理方法对采集到的每一时刻数据进行处理,即可得到各楼层加速度时程曲线。限于篇幅有限,这里仅给出各工况下不同设防地震作用下的底层、顶层加速度时程曲线及其所对应的楼层反应谱曲线。基于反应谱理论,加速度反应谱计算公式如下:

$$\beta_{ac} = \frac{S_{ac}(T)}{\ddot{x}_f(\tau)} \tag{3.3}$$

$$S_{ac}(T) = \left| \frac{2\pi}{T} \int_0^t \ddot{x}_f(\tau) e^{-\xi\frac{2\pi}{T}(t-\tau)} \sin\frac{2\pi}{T}(t-\tau) d\tau \right|_{\max} \tag{3.4}$$

式中 $S_{ac}(T)$、T、ξ、t 分别为此结构绝对加速度、周期、阻尼比和加速度时间间隔。

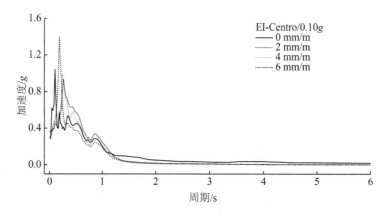

(a) 底层反应谱曲线

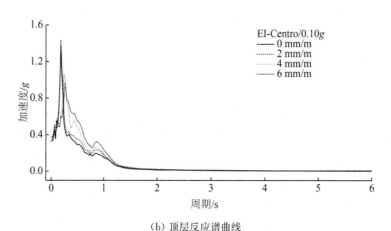

(b) 顶层反应谱曲线

图 3.12 0.10g EI-Centro 激励下结构加速度响应

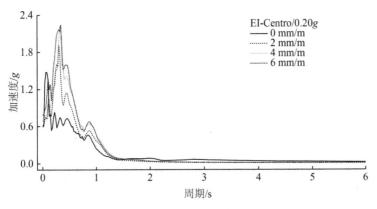

（a）底层反应谱曲线

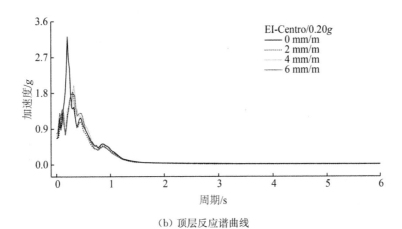

（b）顶层反应谱曲线

图 3.13　0.20g EI-Centro 激励下结构加速度响应

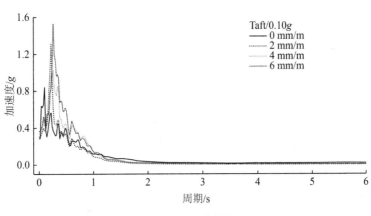

（a）底层反应谱曲线

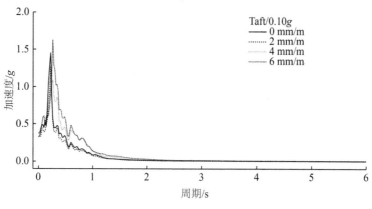

（b）顶层反应谱曲线

图 3.14　0.10g Taft 激励下结构加速度响应

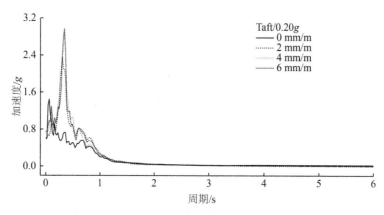

（a）底层反应谱曲线

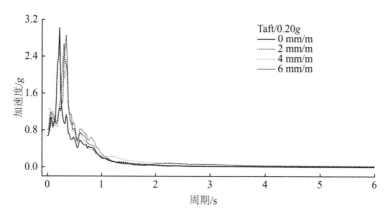

（b）顶层反应谱曲线

图 3.15　0.20g Taft 激励下结构加速度响应

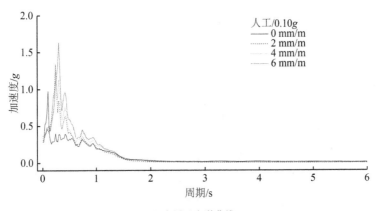

（a）底层反应谱曲线

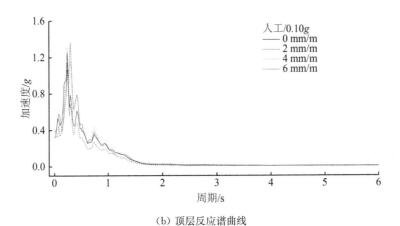

（b）顶层反应谱曲线

图 3.16 0.10g 人工波激励下结构加速度响应

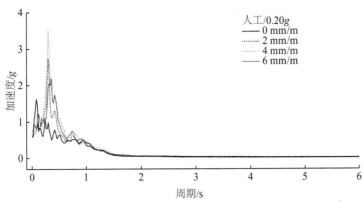

（a）底层反应谱曲线

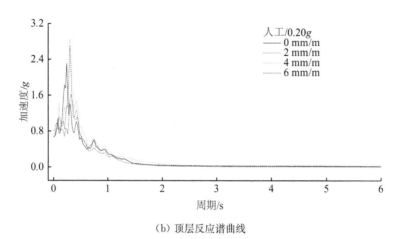

（b）顶层反应谱曲线

图 3.17 0.20g 人工波激励下结构加速度响应

通过分析图 3.12～图 3.17 加速度响应曲线，由不同设防烈度、不同工况下的顶层加速度响应曲线峰值上升段与下降段所在时间段基本相似，其变化趋势较为一致，结合顶层加速度反应谱分析，不同工况下的加速度峰值对应的自振周期变化较小。结合表 3.6～表 3.11 中的加速度包络值，由不同设防地震激励下结构加速度动力响应可知，在 EI-Centro、Taft、人工波三条地震波激励下，人工波对结构影响最大，Taft 波影响最小。结构底层加速度响应明显大于顶部，最容易发生震害损伤。

受采动影响后，结构的底部加速度幅值变大，以 0.10g EI-Centro 作用下加速度包络值为例，模型一到模型四底层加速度峰值分别为 0.285 2g、0.302 0g、0.339 8g、0.364 3g，采动影响下的各工况底层加速度峰值分别比模型一底层加速度峰值增加了 12.90%、19.14%、27.73%，顶层加速度峰值分别为 0.330 0g、0.326 0g、0.360 0g、0.374 0g，采动影响下的各工况顶层加速度峰值分别比模型一顶层加速度峰值增加了 −1.21%、9.09%、13.33%；以 0.10g Taft 作用下加速度包络值如表 3.8 所示，模型一到模型四底层加速度峰值分别为 0.286 0g、0.304 0g、0.334 0g、0.362 0g，采动影响下的各工况底层加速度峰值分别比模型一底层加速度峰值增加了 6.29%、16.78%、26.57%，顶层加速度峰值分别为 0.328 0g、0.325 0g、0.370 0g、0.376 0g，采动影响下的各工况顶层加速度峰值分别比模型一顶层加速度峰值增加了 −0.91%、12.80%、14.65%；以 0.10g 人工波作用下加速度包络值如表 3.10 所示，模型一到模型四底层加速度峰值分别为 0.284 0g、0.306 0g、0.336 0g、0.364 0g，采动影响下的各工况底层加速度峰值分别比模型一底层加速度峰值增加了 7.75%、18.31%、28.17%，顶层加速度峰值分别为 0.326 0g、0.325 0g、0.371 4g、0.388 0g,采动影响下的各工况顶层加速度峰值分别比模型一顶层加速度峰值增加了—0.31％、13.93％、19.02％。

采动影响程度增大,结构加速度呈放大趋势,结构底部加速度反应谱峰值增加效果显著,顶层的加速度变化量明显小于底层,且顶层加速度反应谱值有小幅增大。底部加速度越大,过早地发生塑性损伤消耗掉地震传到上部结构的能量,上部结构的加速度就会有明显的衰减,说明采动初始损伤影响下,结构主要通过底部损伤耗散地震输入能量。在 EI-Centro、Taft、人工波三条地震波激励下,模型三和模型四的结构加速度增幅较大,底层加速度反应谱峰值增加效果显著,反应谱峰值出现的周期延长,更容易接近结构的自振周期,建筑结构的抗震性能被严重削弱,会加剧结构底部的震害。

随着地震作用的增强,在 0.20g 地震动力作用下,结构底部加速度变化较为剧烈,受采动影响,底部结构的加速度反应谱峰值对应的周期增加效果显著,结构顶层加速度时程曲线变化较为平缓,顶层加速度变化曲线整体增大,顶层结构的加速度反应谱峰值对应的周期延长效果不显著。

在 EI-Centro 地震波激励下,模型一到模型四的结构底层加速度峰值分别为 0.594 8g、0.616 0g、0.688 4g、0.781 6g,采动影响下的各工况底层加速度峰值分别比模型一底层加速度峰值增加了 3.56％、15.74％、31.41％,顶层加速度峰值分别为 0.667 6g、0.670 0g、0.732 0g、0.788 8g,采动影响下的各工况顶层加速度峰值分别比模型一顶层加速度峰值增加了 0.36％、9.65％、18.15％;在 Taft 地震动力作用下,模型一到模型四的结构底层加速度峰值分别为 0.590 8g、0.608 0g、0.692 4g、0.745 6g,采动影响下的各工况底层加速度峰值分别比模型一底层加速度峰值增加了 2.91％、17.20％、26.20％,顶层加速度峰值分别为 0.666 8g、0.674 0g、0.736 0g、0.798 4g,采动影响下的各工况顶层加速度峰值分别比模型一顶层加速度峰值增加了 1.08％、10.38％、19.74％;在人工波地震往复荷载作用下,模型一到模型四的结构底层加速度峰值分别为 0.582 8g、0.612 0g、0.680 0g、0.748 4g,采动影响下的各工况底层加速度峰值分别比模型一底层加速度峰值增加了 3.56％、15.74％、31.41％,顶层加速度峰值分别为 0.663 6g、0.673 6g、0.736 0g、0.800 0g,采动影响下的各工况顶层加速度峰值分别比模型一顶层加速度峰值增加了 1.51％、10.91％、20.55％。模型二的地震反应较为接近模型一,采动影响下不均匀沉降量较小,对结构影响不大。地震强度增加,考虑到损伤累积效应的影响,模型三和模型四的底层加速度反应谱峰值对应的周期增大更加明显,基本在 1.5 s 之后趋于稳定。

2. 加速度反应包络值

加速度可以反映出结构在一定时间内速度的变化量,加速度变化量越大对结构造成的损害越大,表 3.6～表 3.11 为结构各层实测加速度包络值。

表 3.6   0.10g EI-Centro 作用下加速度包络值

楼层	模型一	模型二	模型三	模型四
1	0.285 2	0.302 0	0.339 8	0.364 3
2	0.286 7	0.306 0	0.342 0	0.368 0
3	0.293 4	0.307 0	0.350 0	0.370 0
4	0.307 7	0.308 0	0.352 0	0.372 0
5	0.319 3	0.314 0	0.358 0	0.373 0
6	0.330 0	0.326 0	0.360 0	0.374 0

表 3.7   0.20g EI-Centro 作用下加速度包络值

楼层	模型一	模型二	模型三	模型四
1	0.594 8	0.616 0	0.688 4	0.781 6
2	0.604 8	0.620 0	0.692 0	0.784 0
3	0.617 2	0.627 2	0.694 0	0.785 2
4	0.635 2	0.636 8	0.716 0	0.787 6
5	0.650 4	0.656 0	0.728 0	0.788 4
6	0.667 6	0.670 0	0.732 0	0.788 8

表 3.8   0.10g Taft 作用下加速度包络值

楼层	模型一	模型二	模型三	模型四
1	0.286 0	0.304 0	0.334 0	0.362 0
2	0.286 6	0.307 0	0.343 0	0.367 0
3	0.293 4	0.303 0	0.351 6	0.371 0
4	0.307 8	0.308 0	0.352 0	0.373 2
5	0.318 0	0.312 0	0.356 0	0.372 0
6	0.328 0	0.325 0	0.370 0	0.376 0

表 3.9   0.20g Taft 作用下加速度包络值

楼层	模型一	模型二	模型三	模型四
1	0.590 8	0.608 0	0.692 4	0.745 6
2	0.600 8	0.624 0	0.688 0	0.755 6
3	0.617 6	0.627 2	0.688 4	0.772 0
4	0.636 8	0.632 8	0.712 0	0.791 6
5	0.645 6	0.648 0	0.720 0	0.795 2
6	0.666 8	0.674 0	0.736 0	0.798 4

表 3.10   0.10g 人工波作用下加速度包络值

楼层	模型一	模型二	模型三	模型四
1	0.284 0	0.306 0	0.336 0	0.364 0
2	0.285 0	0.306 6	0.344 0	0.368 0
3	0.293 0	0.303 0	0.349 6	0.370 2
4	0.308 4	0.310 0	0.354 0	0.374 2
5	0.316 4	0.312 0	0.353 0	0.376 0
6	0.326 0	0.325 0	0.371 4	0.388 0

表 3.11   0.20g 人工波作用下加速度包络值

楼层	模型一	模型二	模型三	模型四
1	0.582 8	0.612 0	0.680 0	0.748 4
2	0.604 8	0.621 6	0.686 0	0.752 4
3	0.620 8	0.628 4	0.691 6	0.766 0
4	0.632 8	0.632 8	0.700 0	0.784 0
5	0.650 8	0.652 0	0.728 0	0.798 4
6	0.663 6	0.673 6	0.736 0	0.800 0

3. 加速度放大系数

在建筑结构振动台试验中,利用振动台 MTS 数据采集系统将各层地震作用下的加速度信号,经过滤波、消除趋势项及平滑处理后得到各楼层加速度反应。在输入峰值为 0.20g 和 0.40g 的 EI-Centro 波、Taft 波、人工波地震荷载作用下,各工况下的加速度放大系数如图 3.18、图 3.19、图 3.20 所示,取各楼层测

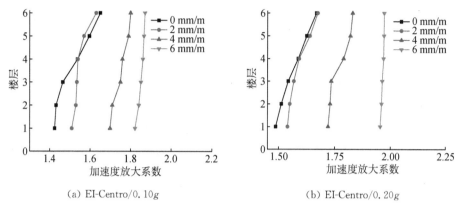

点 a_2 最大加速度反应,与台面测点 a_0 采集的加速度峰值之比即为该楼层测点加速度放大系数,基本呈"倒三角形"分布。

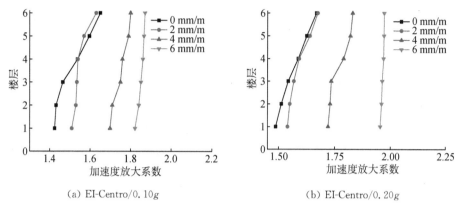

(a) EI-Centro/0.10g (b) EI-Centro/0.20g

图 3.18　EI-Centro 波作用下各工况加速度放大系数

分析图 3.18 可知,在 EI-Centro 波作用下各楼层测点 a_2 最大加速度反应,在 7 度设防地震动力单独作用时,加速度放大系数随楼层增高而略微增大,其中首层与二层结构整体刚度变化较小,加速度放大系数差值不明显;在煤矿采动损伤与地震联合作用下,结构底部加速度较大,不均匀沉降量为 0 mm/m、2 mm/m、4 mm/m、6 mm/m 时,结构底部加速度放大系数分别为 1.426、1.597、1.699、1.823,较工况一增幅分别为 10.73%、19.14%、27.84%;不均匀沉降量越大,结构重心降低越多,底层加速度放大系数增量越大,地震作用下结构底层容易过早的进入塑性损伤状态,耗散大量地震输入能,不利于地震能量向上层传递与分散,形成塑性损伤薄弱区[20-21];工况三和工况四的三层及以上结构加速度放大系数增幅略微降低,结构刚度变化不大,说明采动影响随层数的增加而逐渐减弱,采动损伤主要集中在结构底部。在 8 度设防地震作用下,四种工况首层加速度放大系数分别为 1.487、1.640、1.721、1.954,各工况加速度放大系数明显大于 0.10g 地震激励,且工况三与工况四的首层、二层加速度放大系数增幅较大,二层以上增幅相对较小,说明强震扰动下煤矿采动损伤建筑薄弱区向上扩展,地震总输入能一定的条件下,其余各层耗散地震输入能相对较少,结构抗倒塌能力下降。

在 0.10g 和 0.20g 的 Taft 波地震动力作用下,各工况下的加速度放大系数如图 3.19 所示。在 7 度设防地震动力作用下,各工况加速度放大系数随楼层的增加而呈放大趋势,模型二与模型一的三层以上加速度放大系数较为接近,三层及以下楼层加速度放大系数增加效果明显。这是由于模型二不均匀沉降量相对

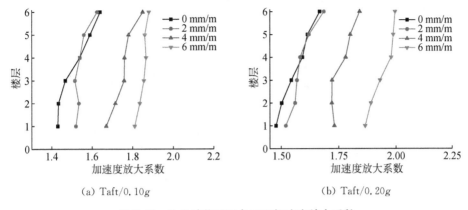

(a) Taft/0.10g   (b) Taft/0.20g

图 3.19　Taft 波作用下各工况加速度放大系数

较小,结构底部的附加应力或附加变形较小。地震作用会加剧结构底部的损伤,结构通过塑性损伤耗散掉部分地震能量,传递到上部楼层的地震能量越来越少,所以在输入地震能量一定的情况下,模型一与模型二的三层以上楼层加速度放大系数增加效果不明显,有可能会出现小于模型一的现象,即模型二顶层加速度包络值增幅会呈现负数。模型三与模型四加速度放大系数增幅效果显著,但底层变化量最大,说明采动作用影响越大,地震激励下结构刚度折减越严重。在 8度设防地震激励下,各工况首层加速度放大系数分别为 1.487、1.540、1.721、1.954,与 7 度设防相比,地震强度增大,首层加速度放大系数明显增大。从模型整体加速度变化系数来看,模型一与模型二的楼层加速度放大系数变化不大,但模型三与模型四受采动影响较大,地震烈度增大后,首层和二层的加速度放大系数增量明显增大,采动影响较大,底部结构容易发展为"机构"体系。模型四的三层以下加速度曲线斜率大于其他工况,该楼层加速度放大系数增量较大,刚度折减较快,三层以上斜率减小,则加速度放大系数增幅较小,结构塑性损伤变形最容易集中在一二层。

在 0.10g 和 0.20g 的人工波地震动力作用下,各工况下的加速度放大系数如图 3.20 所示。分析图 3.20 可知,在 0.20g 和 0.40g 地震动力作用下,由于人工波频谱特性(低频加速度反应谱值较大)的影响较大,更容易激发结构的反应,结构加速度放大系数要比 EI-Centro 波与 Taft 波变化大,在输入地震峰值为0.20g 时,不均匀沉降量为 0 mm/m、2 mm/m、4 mm/m、6 mm/m 时,结构底部加速度放大系数分别为 1.421、1.530、1.680、1.820,与未受采动影响的工况相比,加速度放大系数分别增加了 7.67%、18.23%、28.08%。在 0.40g 地震激励下,模型三与模型四的加速度放大系数差值较大,其余变化规律与 EI-Centro 波和 Taft 波作用下的工况类似。对于矿区建筑结构,在煤炭开采前要提前对结构的薄弱部位进行加固,尤其是底部结构,减缓地表变形对上部结构的影响,增强结构的抗震性能。

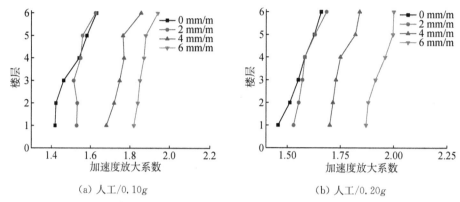

(a) 人工/0.10g (b) 人工/0.20g

图 3.20　人工波作用下各工况加速度放大系数

通过以上加速度时程曲线、加速度反应包络值、加速度放大系数的分析,可以得到如下主要结论:

(1) 采动影响程度增大,结构加速度呈放大趋势,结构底部加速度反应谱峰值增加效果显著,顶层的加速度变化量明显小于底层,且顶层加速度反应谱有小幅度增大。底部加速度越大,过早的发生塑性损伤消耗掉地震传到上部结构的能量,上部结构的加速度就会有越明显的衰减,说明采动初始损伤影响下,结构主要通过底部损伤耗散地震输入能量。

(2) 随着地震作用的增强,结构底部加速度变化较为剧烈,受采动影响,底部结构的加速度反应谱峰值对应的周期增加效果显著,结构顶层加速度时程曲线变化较为平缓,顶层加速度变化曲线整体增大,顶层结构的加速度反应谱峰值对应的周期延长效果不显著。

(3) 不均匀沉降量越大,结构重心降低越多,底层加速度放大系数增量越大,地震作用下结构底层容易过早的进入塑性损伤状态耗散大量地震输入能,不利于地震能量向上层传递与分散,形成塑性损伤薄弱区。

(4) 强震扰动下煤矿采动损伤建筑薄弱区向上扩展,在地震总输入能一定的条件下,其余各层耗散地震输入能相对较少,底部结构塑性铰增多,抗震稳健性降低,容易发生整体失稳,结构抗倒塌能力下降。

3.4.3　层间变形分析

图 3.21、图 3.22、图 3.23 为不同设防烈度下各工况层间位移,其变化趋势

基本为上部结构位移小,下部结构位移大,层间剪切特性明显。在同一烈度相同的地震波作用下,受采动影响越大,结构层间位移越大,随着地震动力的增加,底部结构层间位移增大效果显著。在同一烈度相同工况的情况下,不同地震激励时,层间位移走势基本相同,数值差别较小。

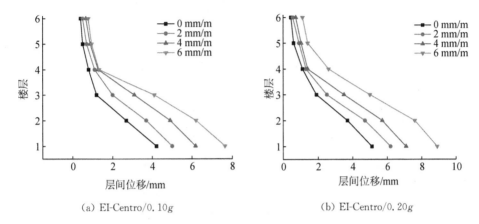

(a) EI-Centro/0.10g   (b) EI-Centro/0.20g

图 3.21   EI-Centro 波作用下结构层间位移

图 3.21 为 EI-Centro 波作用下的不同设防烈度下各工况最大层间位移,分析图 3.21 可知,7 度设防时,大变形楼层主要集中在三层以下部位,四层及以上层间位移峰值近似相同。当不均匀沉降量为 0 mm/m、2 mm/m、4 mm/m、6 mm/m 时,其对应的首层层间位移角 θ^P 分别为 1/71、1/60、1/48、1/39,比工况一分别增大了 18.76%、46.79%、81.47%。其中工况四的二层为 1/45,超过GB 50011—2010 中条文 5.5.5 所规定的 $[\theta^P]=1/50$ 限值。工况四比工况三受采动影响大,其首层与二层的层间位移角均超过规范值发展为薄弱层,存在薄弱层向上层发展现象,说明随着不均匀沉降量的增加,底层附加变形增大,采动损害较大时,建筑物产生偏心越大,刚心与质心差距越大。θ^P 值超限,采动影响越大,附加偏心力[图 3.9(c)]越大,极易发展为"机构"体系形成薄弱层。

8 度设防时,模型四层、五层最大层间位移与 7 度设防较为接近,四层及以下楼层的层间位移增加显著。各工况首层 θ^P 分别为 1/58、1/47、1/42、1/33,比未受采动影响时分别增大了 21.56%、39.22%、74.51%,其中工况三工况四的二层 θ^P 分别为 1/52、1/39。上述表明,随着地震强度增大,各工况层间位移角 θ^P 变大,采动影响较大的工况,其 θ^P 值变化越显著,其中工况三 θ^P 值接近 $[\theta^P]=1/50$ 规范限值,即将演化为薄弱层。

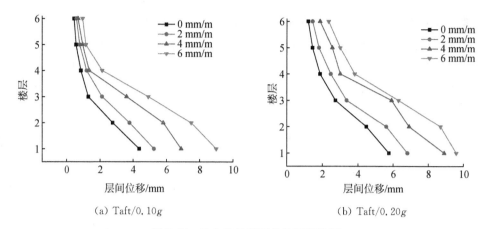

(a) Taft/0.10g　　　　　　　　　　(b) Taft/0.20g

图 3.22　Taft 波作用下结构层间位移

图 3.22 为 Taft 波作用下的不同设防烈度下各工况最大层间位移，分析图 3.22 可知，对于 7 度设防 Taft 波作用下，不均匀沉降量为 0 mm/m、2 mm/m、4 mm/m、6 mm/m 时，各模型首层最大层间位移角分别为 1/69、1/57、1/43、1/34，受采动影响的工况分别比未受采动影响的工况增加了 20.18%、58.26%、105.96%，地震损伤累积对工况四影响最大。其中工况三的二层最大层间位移角为 1/52，工况四的二层最大层间位移角为 1/40。在相同设防烈度下，Taft 波频谱特性对结构影响较大，Taft 波对结构反应的影响明显要大于 EI-Centro 波。当设防烈度为 7 度时，工况三与工况四首层最大层间位移角随着损伤累积，大于规范限值 $[\theta^{P}]$，工况二首层最大层间位移角为 1/57，逐步接近规范限值 $[\theta^{P}]$，工况四的二层最大层间位移角超限，工况四受采动影响较大，随着地震损伤的不断累积，底部塑性铰不断增多，首层与二层逐步发展为"机构"体系。

随着地震作用的增强，当输入地震峰值为 8 度设防时，不均匀沉降量为 0 mm/m、2 mm/m、4 mm/m、6 mm/m 时，各模型首层最大层间位移角分别为 1/52、1/44、1/34、1/31，明显大于 7 度设防时的最大层间位移角，受采动影响的工况分别比未受采动影响的工况分别增加了 18.23%、54.69%、66.67%。不均匀沉降量为 0 mm/m、2 mm/m、4 mm/m、6 mm/m 时，各模型二层最大层间位移角分别为 1/67、1/53、1/43、1/34，工况二的二层最大层间位移角接近规范限值 $[\theta^{P}]$，工况三与工况四的二层最大层间位移角超过规范限值 $[\theta^{P}]$。工况三与工况四的三层最大层间位移角分别为 1/51、1/48，工况三的三层最大层间位移角接近规范限值，工况四的三层最大层间位移角大于规范限值 $[\theta^{P}]$。从以上分析可以看出，地震强度增加，随着地震损伤的累积，结构薄弱层逐渐向上层发展，采动对建筑物的损害越大，这种薄弱层向上延伸的现象越显著，工况四受采动影响最大,已经延伸至第三层,但首层与二层的层间变形严重超越规范限值,容易发生底层垮塌而整体失稳。

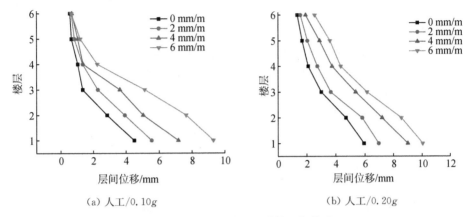

(a) 人工/0.10g　　　　(b) 人工/0.20g

图 3.23　人工波作用下结构层间位移

图 3.23 为人工波(简称 RG 波)作用下的不同设防烈度下各工况最大层间位移,7 度设防时,随着地震损伤的累积,结构各层最大层间位移要大于 EI-Centro 波和 Taft 波,结构的层间位移变化与 EI-Centro 波和 Taft 波作用下的类似,三层以上结构受影响相对较小。当不均匀沉降量为 0 mm/m、2 mm/m、4 mm/m、6 mm/m 时,模型各工况首层最大层间位移角分别为 1/67、1/54、1/41、1/32,与未受采动影响的工况相比,其余各工况最大层间位移角分别增加了 23.33%、59.33%、106.67%。其中,工况四的二层最大层间位移角 1/39,已经超过规范限值,该工况二层发展为薄弱层,与 EI-Centro 波和 Taft 波作用时的分析结论类似。

随着设防烈度的增加,当输入地震峰值为 8 度设防时,当不均匀沉降量为 0 mm/m、2 mm/m、4 mm/m、6 mm/m 时,模型各工况首层最大层间位移角分别为 1/51、1/43、1/33、1/30,最大层间位移角明显大于 7 度设防,与未受采动影响的工况相比,其余各工况最大层间位移角分别增加了 18.88%、54.59%、69.90%,不均匀沉降量越大,层间位移角变化量越大,越容易提前发展为塑性铰,不利于建筑结构的抗震。当不均匀沉降量为 0 mm/m、2 mm/m、4 mm/m、6 mm/m时,模型各工况二层最大层间位移角分别为 1/64、1/52、1/42、1/35,工况二的二层最大层间位移角接近规范限值,工况三与工况四的二层最大层间位移角超过规范限值,且大于 EI-Centro 波和 Taft 波作用时计算值,能够反映地震损伤的累积效果。工况四的三层最大层间位移角为 1/64,这说明该楼层逐渐演化为薄弱层。根据以上分析可知,当地震作用增强后,煤矿采动影响下的结构,其薄弱层逐渐向上层发展,采动损害越大的结构,薄弱层向上发展现象越显著,与 EI-Centro 波和 Taft 波作用时的研究结果类似。

通过以上对 EI-Centro 波、Taft 波、人工波激励下的结构层间最大变形分析,可以得到如下主要结论:

(1) 同一烈度相同地震波作用下,受采动影响越大,结构层间位移越大,随着地震动力的增加,底部结构层间位移增大效果显著。

(2) 同一烈度相同工况的情况下,地震激励相同时,层间位移走势基本相同,数值差别较小。

(3) 7 度设防烈度下,采动影响较大的工况,其首层与二层最大层间位移角均超过规范限值 $[\theta^P]$,采动影响较小的工况,一般表现为首层最大层间位移角超限,说明采动影响较大时,存在薄弱层向上发展现象。

(4) 当地震强度增大时,多个受采动影响的工况呈现首层与二层的最大层间位移角超限,采动损害最大的工况,其三层层间最大层间位移角超过规范限值,说明地震强度增大,采动损害越大,结构薄弱层向上层发展越显著,此时结构底部已经形成大量塑性铰,底层构件损害严重,容易引起底层垮塌,存在极大的安全隐患。

3.4.4 能量耗散分析

能量法对于反应地震持续时间、地震强度对结构的塑性损伤破坏具有很大优越性,结构在地震作用下的反应表现为能量的吸收、传递和转化等特性。在总输入能一定的条件下,通过非弹性变形能,即滞回耗能,有助于分析结构在采动影响下的损伤演化规律。

根据达朗贝尔原理,建立地震作用下的多自由体系动力方程:

$$[M]\{\ddot{x}(t)\} + [C]\{\dot{x}(t)\} + \{f_s[x(t), \dot{x}(t)]\} = [M]\{\ddot{x}_g(t)\} \quad (3.5)$$

式中 $[M]$、$[C]$ 分别为结构体系的质量矩阵和阻尼矩阵;$\ddot{x}(t)$、$\dot{x}(t)$、$x(t)$ 分别为结构体系在 t 时刻相对于地面的加速度、速度、位移向量;$\ddot{x}_g(t)$ 为地面运动加速度;$\{f_s[x(t), \dot{x}(t)]\}$ 为结构体系抗力矩阵。

公式(3.5)两端对位移积分可得如下能量平衡表达式:

$$\int M\ddot{x}(t)dx(t) + \int C\dot{x}(t)dx(t) + \int \{f_s[x(t), \dot{x}(t)]\}dx(t)$$

$$= \int M\ddot{x}_g(t)dx(t) + \int pdx \quad (3.6)$$

对方程式(3.6)作如下变化,令：

$$E_E = \int M\ddot{x}_g(t) \, \mathrm{d}x(t) \tag{3.7}$$

$$E_U = \int p \, \mathrm{d}x \tag{3.8}$$

$$E_K = \int M\ddot{x}(t) \, \mathrm{d}x(t) \tag{3.9}$$

$$E_C = \int C\dot{x}(t) \, \mathrm{d}x(t) \tag{3.10}$$

$$E_S = \int \{ f_s[x(t), \dot{x}(t)] \} \, \mathrm{d}x(t) \tag{3.11}$$

式中 E_E、E_U、E_K、E_C、E_S 分别为地震输入能量、采动影响下建筑物产生附加变形的输入能量、结构体系的动能、建筑物阻尼耗能、结构体系抗力做功即为滞回耗能。其中,结构体系抗力做功 E_S 可分解为：

$$\begin{cases} E_S = \int_0^T \!\!\! \int_v \sigma^\tau \varepsilon \, \mathrm{d}V \mathrm{d}t \\[2mm] = \int_0^T \!\!\! \int_v \sigma^\tau \varepsilon^{el} \, \mathrm{d}V \mathrm{d}t + \int_0^T \!\!\! \int_v \sigma^\tau \varepsilon^{pl} \, \mathrm{d}V \mathrm{d}t \\[2mm] = \int_0^T \!\!\! \int_v \frac{1-d_T}{1-d} \sigma^\tau \varepsilon^{el} \, \mathrm{d}V \mathrm{d}t + \int_0^T \!\!\! \int_v \frac{d_T-d}{1-d} \sigma^\tau \varepsilon^{el} \, \mathrm{d}V \mathrm{d}t + \int_0^T \!\!\! \int_v \sigma^\tau \varepsilon^{pl} \, \mathrm{d}V \mathrm{d}t \end{cases} \tag{3.12}$$

式中 d 为损伤值;d_T 为弹性损伤;σ^τ 为结构体系弹性恢复力;ε^{el}、ε^{pl} 分别为弹性和塑性应变量。对公式(3.12)做如下代换,令：

$$\begin{cases} E_T = \int_0^T \!\!\! \int_v \frac{1-d_T}{1-d} \sigma^\tau \varepsilon^{el} \, \mathrm{d}V \mathrm{d}t \\[2mm] E_D = \int_0^T \!\!\! \int_v \frac{d_T-d}{1-d} \sigma^\tau \varepsilon^{el} \, \mathrm{d}V \mathrm{d}t \\[2mm] E_P = \int_0^T \!\!\! \int_v \sigma^\tau \varepsilon^{pl} \, \mathrm{d}V \mathrm{d}t \\[2mm] E_S = E_E + E_D + E_P \end{cases} \tag{3.13}$$

式中 E_T、E_D、E_P 分别表示结构体系可恢复应变能、损伤耗能、塑性耗能。综上所述,可以推导出结构体系的能量方程:

$$E_I = E_F + E_H \tag{3.14}$$

式中 E_I、E_F、E_H 分别表示结构体系的输入能、存储能、耗散能。

$$\begin{cases} E_I = E_T + E_U \\ E_F = E_T + E_K \\ E_H = E_D + E_P + E_C \end{cases} \tag{3.15}$$

由公式(3.15)可知,受开采沉陷影响,在任意时刻 t,建筑物系统中的输入能由开采沉陷和地震两部分所构成;建筑物中存储的能量由可恢复弹性应变能和动能所组成,这两部分能量只能相互转化,不参与结构耗能;最终被建筑物耗散掉的能量包括损伤耗能、塑性耗能、阻尼耗能。

结构在地震作用下的破坏,其根本原因为地震输入能超过了结构的能量耗散阈值,通过对结构进行能量耗散量化分析,可以更好地揭示煤矿采动损伤建筑结构在地震作用下的抗震性能劣化机制,图 3.24、图 3.25、图 3.26 为不同设防烈度下各工况能量时程变化曲线。

分析图 3.24 可知,当输入地震 EI-Centro 波激励峰值加速度为 0.10g(7 度设防)时,总输入能 E_I、滞回耗能 E_S、阻尼耗能 E_C 整体呈非线性递增。未受采动影响时,在 4.5 s 之前,结构阻尼耗能大于滞回耗能,以阻尼耗能为主,在 4.5 s 之后逐渐以滞回耗能为主耗散地震输入能量。随开采沉陷影响作用增强,结构局部系统存储的弹性应变能逐渐增多,则首层梁柱节点耗散地震输入能量的阈值降低,地震动力作用下通过塑性变形耗散地震输入能的时间逐渐提前,工况二、三、四分别提前到 3.9 s、2.2 s、0.9 s,总输入能较工况一分别增加了 1.5%、2.7%、4.2%;阻尼耗能分别减少了 1.1%、2.0%、3.4%;滞回耗能分别增加了1.3%、2.1%、3.9%。当输入地震动为 0.20g(8 度设防)时,能量曲线变化趋势与 7 度设防类似。区别在于采动引起的不均匀沉降量越大,滞回耗能曲线表现为变化量大与变化率快,尤其是工况四在前 4 s 滞回耗能急剧增加,致使结构塑性损伤越严重。地震强度增大,地震输入能量越大,滞回耗能与阻尼耗能的差值越大,受采动影响的工况其滞回耗能分别比工况一增加了 6.9%、21.1%、33.8%,受采动损害越大,结构通过塑性损伤耗能越大,震后结构频率显著降低,刚度退化较大,部分底层角柱混凝土保护层脱落,说明受开采沉陷影响结构抗震性能劣化。

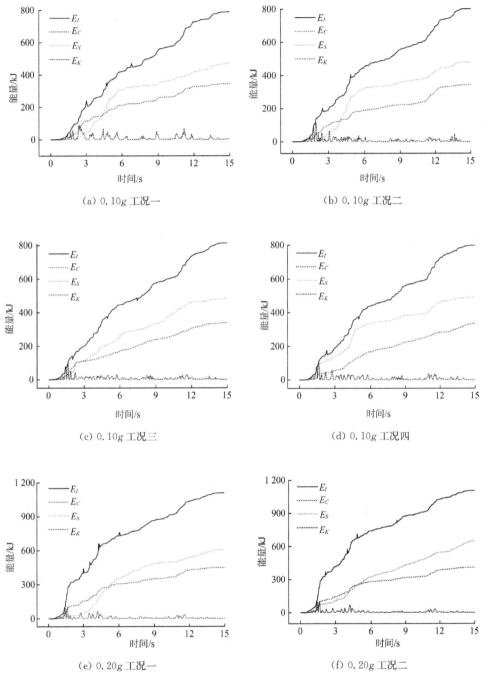

(a) 0.10g 工况一

(b) 0.10g 工况二

(c) 0.10g 工况三

(d) 0.10g 工况四

(e) 0.20g 工况一

(f) 0.20g 工况二

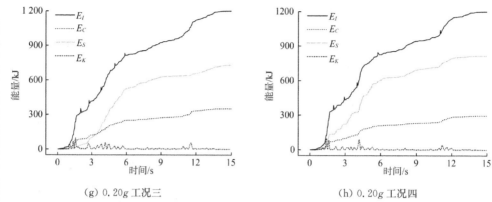

(g) 0.20g 工况三　　　　　　　　　　　　　　(h) 0.20g 工况四

图 3.24　EI-Centro 波作用下结构能量时程曲线

　　分析图 3.25 可知,当输入地震 Taft 波激励峰值加速度为 0.10g(7 度设防)时,在前 3 s 输入地震动 Taft 波变化相对平缓,结构的地震反应相对较小。地震前期,结构基础处于弹性阶段,该阶段阻尼耗能起决定作用。模型二、模型三、模型四受采动影响作用逐步增大,与模型一的地震前期阻尼耗能对比,受采动影响越大的工况,在地震动力扰动下,结构损伤发展越快,前期表现为阻尼耗能增长较快,模型四阻尼耗能曲线斜率变化最快,结构刚度折减变化明显,结构损伤阻尼比在增加;随着地震时间的持续,结构逐渐从弹性阶段进入非线性变形阶段,地震波达到主震有效持时段,建筑系统的阻尼耗能与滞回耗能的增速明显提高,随着塑性变形耗能与塑性损伤耗能增加,在第 9 s 左右,模型一、模型二、模型三、模型四的滞回耗能分别占总输入能的比例分别为 62.27%、64.47%、69.82%、77.69%,塑性耗能在总输入能中所占的比例逐渐增大,阻尼耗能在总输入能中的比例减小,说明结构耗散地震输入能的主要方式在改变,由前期通过阻尼耗散地震输入能逐渐转变为滞回耗能为主,结构的塑性损伤在增加。同时,在主震时段,模型三和模型四受采动影响较大,滞回耗能曲线呈现多个突变段,滞回耗能增幅较大,该时段内结构底部可能出现较多的塑性铰,强度退化严重。随着主震时段慢慢结束,动能和弹性应变能逐渐趋向于零,结构的总输入能逐渐由滞回耗能与阻尼耗能所耗散。

　　当输入的 Taft 地震动峰值增加到 0.20g(8 度设防)时,结构地震峰值加速度越大,结构的地震反应愈加强烈。地震烈度越大,输入到建筑物系统中的能量就越多,通过阻尼耗能、滞回耗能所耗散的能量就越多。与地震峰值为 0.10g 时的 7 度设防相比,滞回耗能曲线变陡,且采动影响越大,滞回耗能曲线越陡,结构的刚度与强度衰减越快,"耗能累积"对结构造成的损伤所占比例增加,导致结构阻尼比增大,表现为阻尼耗能增加效果显著。当不均匀沉降量为 0 mm/m、2 mm/m、4 mm/m、6 mm/m 时,滞回耗能分别占总输入能的比例为 59.73%、62.69%、67.04%、69.30%,说明随着地震强度增大,结构受采动影响越大,塑性损伤耗能越多,对结构造成的损伤越大。

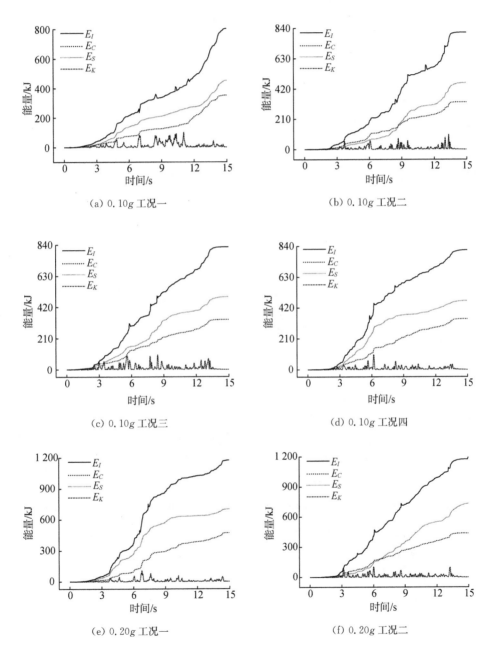

(a) 0.10g 工况一

(b) 0.10g 工况二

(c) 0.10g 工况三

(d) 0.10g 工况四

(e) 0.20g 工况一

(f) 0.20g 工况二

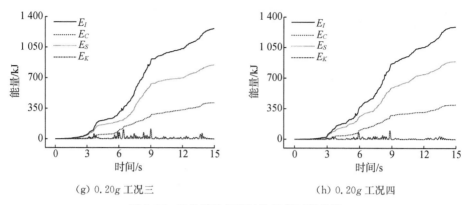

(g) 0.20g 工况三　　　　　　　　(h) 0.20g 工况四

图 3.25　Taft 波作用下结构能量时程曲线

　　分析图 3.26 可知,当输入地震动峰值加速度为 0.10g(7 度设防)时,由于人工波与 EI-Centro 波和 Taft 波的频谱特性差异以及累积损伤的影响,地震前期地震反应较小,结构的能量时程曲线在前 5 s 变化较为平缓。由于人工波强震有效时长比 EI-Centro 波和 Taft 波要长,5 s 以后能量时程曲线变陡,并逐步接近其累积值,而阻尼耗能时程曲线表现为持续增长,随着采动引起的不均匀沉降量增大,"耗能累积"对结构损伤的贡献不断增大。在地震输入能一定的条件下,采动输入能(表现为建筑物不均匀沉降)越大,考虑到 EI-Centro 波、Taft 波的损伤持时累积,在人工地震动力的激励下,采动输入能越多的建筑系统,结构体系极易过早的达到能量阈值,其刚度与强度衰减越快,结构的阻尼比越大,阻尼所耗散的能量持续增长,而与阻尼耗能相对应的滞回耗能增长率变小,表现为耗能时程曲线变化均匀接近其累积值。

　　从结构加速度时程及反应谱分析中可知,人工波对结构的动力响应影响作用最大,随着地震烈度的增加,当输入的地震峰值加速度增加到 0.20g(8 度设防)时,结构的能量变化曲线明显要大于 7 度设防。在地震反应前期,模型一、模型二、模型三、模型四的滞回耗能能量曲线平缓段持续时间不断缩短,分别为 3.2 s、2.8 s、2.2 s、1.5 s。说明地震强度增大,结构快速进入非线性塑性变形阶段,表现为滞回耗能曲线与地震输入能的距离不断接近,且不均匀沉降量越大,这种现象越显著,这说明结构塑性变形和塑性损伤所耗散的能量在结构输入能中的占比不断增加,采动影响越大,结构的损伤程度在不断增加,结构的抗震稳健性不断降低。随着地震激励时间的持续,损伤累积对结构的影响不断增大,建筑物系统的阻尼比增大,结构底部逐渐发展为机构体系,结构的抗震性能被严重削弱。

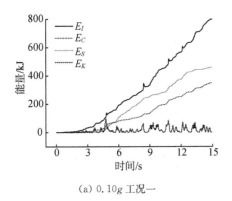

(a) 0.10g 工况一

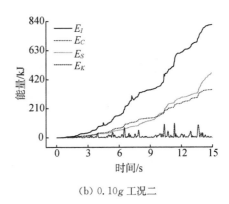

(b) 0.10g 工况二

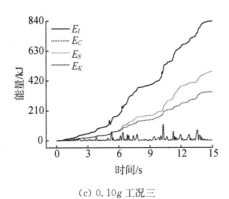

(c) 0.10g 工况三

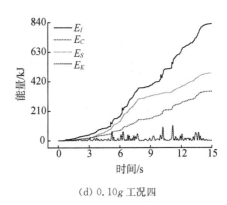

(d) 0.10g 工况四

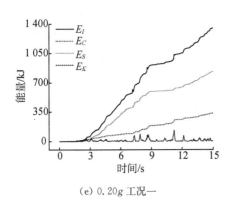

(e) 0.20g 工况一

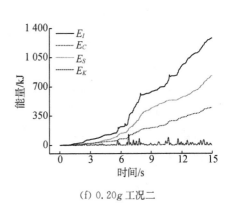

(f) 0.20g 工况二

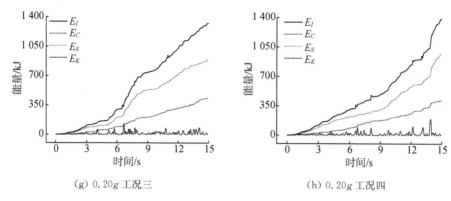

(g) 0.20g 工况三　　　　　　　　　　(h) 0.20g 工况四

图 3.26　人工波作用下结构能量时程曲线

通过以上对 EI-Centro 波、Taft 波、人工波激励下的结构能量反应分析,可以得到如下主要结论:

(1)同一设防烈度,在不均匀沉降量一致的情况下和不同的地震波激励下,结构的能量曲线规律受地震波频谱特性影响较大,能量时程曲线在前期和后期呈现不同的变化趋势。

(2)同一设防烈度,相同的地震动激励,采动影响越大,对建筑物的初始损伤越大,结构的滞回耗能与阻尼耗能曲线呈现较大差异化。地震作用前期,结构以阻尼耗能为主,滞回耗能在总输入能中所占的比例较小,随着地震持时的增加,逐渐以滞回耗能为主耗散地震输入能量,主要耗能方式在发生转变。采动引起的不均匀沉降量越大,这种主要耗散地震输入能方式的转化时间点越提前。

(3)不均匀沉降量相同,在相同的地震波激励下,随着地震强度的增大,结构的总输入能、滞回耗能、阻尼耗能都在增加。采动影响越大的模型,滞回耗能的变化量越大,结构的塑性损伤越大,结合前面对结构加速度放大系数与结构楼层最大层间位移的分析,强震扰动下,结构容易快速地在底层形成大量塑性铰,演化为薄弱层,并随着采动损害的增大,薄弱层向上层延伸,结构发生整体倾倒的风险急剧增大,不利于建筑结构的抗震。

(4)采动损害较大的结构,"损伤累积"效应非常显著,结构的刚度衰减较快,阻尼比增大。通过以上结构的能量反应表明采动损伤与结构的地震反应存在着内在关联。

3.4.5　应变响应分析

在采动灾害影响下,建筑结构产生不均匀沉降,在采动灾害对结构造成初始损伤条件下,为模拟地震灾害,对结构进行 EI-Centro 波、Taft 波、人工波地震激

励,7度设防与8度设防地震激励下的各模型首层柱钢筋应变响应如图3.27、图

3.28、图3.29所示。

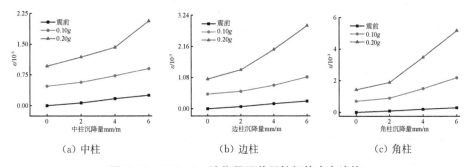

（a）中柱　　　　　　　（b）边柱　　　　　　　（c）角柱

图3.27　EI-Centro波作用下首层柱钢筋应变峰值

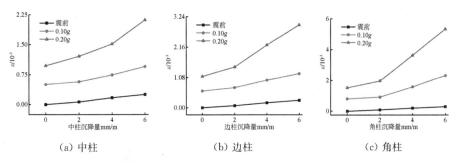

（a）中柱　　　　　　　（b）边柱　　　　　　　（c）角柱

图3.28　Taft波作用下首层柱钢筋应变峰值

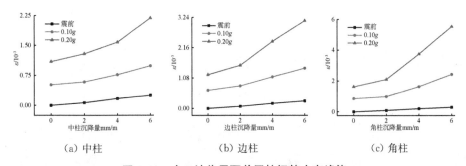

（a）中柱　　　　　　　（b）边柱　　　　　　　（c）角柱

图3.29　人工波作用下首层柱钢筋应变峰值

通过以上对EI-Centro波、Taft波、人工波作用下的首层柱钢筋应变响应分析,可得到如下结论:

（1）随着不均匀沉降量的增大,柱纵筋应变逐渐增加,结构变形越大。

（2）在地震动力荷载激励下,角柱纵筋应变响应最显著,中柱影响最小,随着地震峰值持续加大,柱纵筋应变逐渐增大,角柱纵筋的应变增量大于边柱和中

柱,与其他柱相比,角柱在水平方向的约束相对较少,能量阈值较低。

(3)中柱、边柱、角柱均表现为工况四的应变增速最快。由于角柱双向偏心受力,地震荷载往复作用,地震引起的扭转效应对角柱内力影响最大,角柱纵筋极易最先屈服,削弱建筑结构的抗震性能。

(4)采动影响越大,首层框架节点除了要承受平面框架体系中梁端和上下柱端传递的轴力、剪力和弯矩,还要承受采动作用引起的附加应力,地震动力扰动下框架节点处混凝土开裂、钢筋屈服,与未受采动影响的节点相比其完整性较差,节点的刚度和延性下降,节点的能量耗散能力降低,导致梁柱承受非弹性变形的能力减弱,削弱建筑结构的抗震性能,因此对于采空区边缘地带的建筑物,要强化节点部位的加固,增强其耗能阈值。

3.4.6 试验模型宏观破坏分析

图 3.30 为试验模型破坏现象,在输入 7 度设防地震激励后,不均匀沉降量越大,自振频率降低幅度越大,说明由于开采沉陷的影响,结构快速进入塑性变形阶段,且震动过程中模型摆动明显。模型二和模型三首层梁柱节点出现较多微小水平、竖向、斜向裂缝,其数量要多于模型一;模型四首层部分节点处出现粉刷层和混凝土脱落现象,二层角柱梁端局部有裂缝,结构出现轻微破坏。

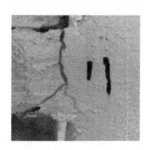
(a) 梁端裂缝

(b) 混凝土脱落

(c) 梁钢筋外露

(d) 柱钢筋外露

(e) 节点破坏

(f) 梁端破坏

图 3.30 模型破坏现象

在8度设防地震作用后,新裂缝增多,构件原有裂缝变宽、变长,模型四首层柱梁端混凝土脱落,部分钢筋外露,且试验中发现模型四柱身有斜裂缝产生,存在扭转破坏迹象。总体上,受开采沉陷影响,模型最先在梁端出现裂缝,呈现"强柱弱梁"破坏,且不均匀沉降量越大,裂缝出现时间越早,随着加速度峰值的不断增大,部分首层柱纵向裂缝变宽并向上延伸,保护层脱落严重。采动损害增大会加剧梁柱连接部位的剪切破坏,节点区域混凝土碎裂是导致强震下钢筋混凝土框架结构倒塌的重要原因。

3.5　动力破坏试验研究

试验输入地震动力为0.1g的EI-Centro作用下,模型一未受采动影响,未发现可见裂缝,各构件基本处于弹性工作阶段,结构各构件无残余变形,模型二无明显可见微裂缝,模型三和模型四在平行于地震波输入方向有明显微裂缝产生,第一条裂缝位于角柱相连的梁端节点附近,随着Taft波与人工地震波的相继输入,模型一无明显可见裂缝,模型二开始产生肉眼可见裂缝并逐步发展。模型三与模型四原有裂缝不断扩展,裂缝部位主要集中在首层梁端节点附近,模型四梁端节点处新裂缝不断产生。受煤矿采动影响建筑物不均匀沉降量越大,构件端部裂缝越多,角柱与边柱、中柱相比其受约束较少,该处节点裂缝多于其他部位。

随着输入地震作用持续增强,当地震波峰值增加到0.2g时,模型需要产生更多的内部损伤才足以抵抗强烈的地震作用。所以,微裂缝进一步增多和扩展,模型一首层梁端开始出现微小裂缝,模型二受采动影响较小,裂缝大多数在集中在首层梁端,模型三和模型四的首层柱底、二层梁端出现较多裂缝,这说明随着不均匀沉降量的增大,现有耗能机制不足以抵抗强烈的地震作用,局部损伤加剧并向上层发展,逐渐演化为薄弱层,模型三和模型四位于角柱处的框架节点附近出现混凝土剥落现象,首层柱产生纵向裂缝,模型表现为适中破坏。

当地震载荷峰值增加到0.4g时,模型的结构反应增大,模型一的新裂缝不断产生,原有裂缝不断变宽。试验过程中可听到结构发出的声响,平行于地震波输入方向的立面构件,其裂缝变宽并相继贯通。模型四损害最为严重,底部结构部分梁下部混凝土脱落非常严重,纵筋外露,首层角柱节点纵向裂缝不断延伸到二层,模型出现整体失稳的概率增加。当输入地震动力峰值持续增加到0.6g时,受采动影响的工况沿建筑物不均匀沉降方向的侧移较大,工况三梁端裂缝迅速扩展致使梁下部混凝土保护层脱落,纵向钢筋裸露在外。模型四首层角柱部分节点开裂与上下柱贯通,首层柱纵筋影响急剧增大,部分钢筋屈服,梁柱节点处的楼板出现45°斜裂缝,模型结构处于严重破坏阶段,尤其是角柱E_1即将丧失承载力发生失稳。采动引起的不均匀沉降量越大,结构的抗震稳健性衰退速率越快,首层受损严重极易出现垮塌。

根据《建筑抗震试验规程》(JGJT 101—2015)中8.3.2条文规定,为防止结构在倒塌过程中损伤传感器,模型动力破坏倒塌试验中,拆除了除应变片之外的所有传感器。同时,为防止模型倒塌过程中散落的混凝土块对振动台台面造成损害,在不影响结构动力反应的基础上,在模型顶层与吊车梁间设置了安全绳,预防大规模倾倒冲击地震模拟振动台的台面动力传动器。在动力破坏试验中,连续两次输入激励荷载峰值为0.8g的地震波后,模型四倒塌,模型三即将倒塌。在第一次输入峰值为0.8g地震力作用后,模型三和模型四产生严重的扭转变形,沿地震波输入方向的残余变形比模型一更显著。尤其是模型四不均匀沉降量最大,其$P-\triangle$二阶效应作用也大,柱底部、首层角柱节点处的混凝土逐渐被压碎,随着第二次0.8g地震波的持续输入,结构侧移不断增加,由于建筑物向角柱A_1-E_1方向产生不均匀沉降,A_1柱在采动与地震共同作用下侧移最大、节点破坏最严重,最先丧失竖向承载力,向局部竖向倒塌发展,最后B_1和B_2的侧移急剧增大,逐步丧失竖向承载力,结构竖向倒塌范围扩大。倒塌中期,模型三和模型四的角柱A_1两端混凝土被压碎,且该处与其他构件连接处除了有数根钢筋相连外,其余均已断裂,紧接着B_1、B_2两端开始断裂,并逐渐扩展至C_1,其破坏形式与A_1类似,竖向倒塌区域C_1、B_1、A_1、B_2开始形成,该区域以上的二层楼板在地震作用下开始扭转,竖向与水平向混合倒塌条件越发展越充分。倒塌后期,随着倒塌区域的逐步扩大,二层楼板的下落速度加快,导致二层以上部分倾斜程度加剧,与柱A_1相连的楼板最先着地,其余柱侧移急剧增大,两端连接处断裂。倒塌过程状态如图3.31所示。

图3.31　试验模型倒塌过程

阻尼比可较好地反应结构振动过程中的能量耗散,试验前各工况阻尼比相差不大,当 $0.2g$ 地震激励以后,模型的阻尼比增大较明显(见表 3.12),说明模型结构进入弹塑性阶段,结构累积损伤增大,通过塑性变形耗散地震输入能量,且采动作用影响越大,结构的阻尼耗能越大,累积损伤越大。

表 3.12　试验工况及频率

输入峰值 /g	模型一		模型二		模型三		模型四	
	f_1/Hz	ξ_1	f_2/Hz	ξ_2	f_3/Hz	ξ_3	f_4/Hz	ξ_4
试验前	5.050	0.025	4.970	0.025	4.875	0.026	4.760	0.027
0.1	4.891	0.026	4.812	0.026	4.624	0.028	4.509	0.029
0.2	4.530	0.027	4.264	0.028	4.071	0.031	3.796	0.033
0.4	3.139	0.035	2.872	0.037	2.747	0.041	1.922	0.043
0.6	2.754	0.046	2.562	0.049	2.418	0.055	1.523	0.059
0.8	2.319	0.059	2.117	0.064	1.814	0.071	1.115	0.076

3.6　机理分析

煤矿开采扰动与地震作用对建筑结构的损伤机理不同。采动对建筑物的损害具有长期性、缓慢性发展的特点,从煤矿开采一直持续到开采结束后相当长一段时间内持续发展,可将其定义为初始损伤,对建筑物刚度的影响,随着初始损伤的不断增大而降低。而地震作用对结构的损害具有瞬时性、剧烈性等特征,地震动力作用下建筑物的刚度迅速降低,其对结构造成的危害远大于采动损害,但采动损害会加剧建筑物在地震作用下的次生损伤。

受采动影响建筑物下方岩体多为松散介质,能够耗散部分地震能量,传播到地表的灾害能量减少;但会增加岩体的松散度与破碎度,更多的能量被岩层所耗散,煤矿采空区动力失稳破坏的概率增大。通过地表注浆并预先在结构底部梁、柱端部进行粘贴钢板或纤维复合加固,加强构件间的连接可提高结构的整体性,减缓结构的弹塑性部位应力集中,达到加强底部结构防护的效果。为指导采动影响下的建筑结构进行维修和加固、提高采空区边缘地带建筑物抗震稳健性与抗震韧性提供依据。

一般情况下,地震作用力在各楼层的分配由楼层刚度所控制,受采动初始损伤影响,各工况层间刚度变化不一致,地震动力作用下的加速度、位移反应也截然不同。煤矿采动对建筑物的损害多集中于底部空间,地震作用下底部构件极易提前屈服形成塑性铰,使该楼层发展为薄弱层。煤矿采动损伤建筑,其重心、质心与几何中心不一致,采动损害会放大结构的动力响应,严重削弱结构抗扭转振动效应与抗倒塌的能力。因此,煤矿采动所产生的初始损伤使建筑物的抗震性能劣化,给采空区边缘地带的工程结构带来极大的安全隐患。

3.7 本章小结

本章利用采动模拟试验台,对四个模型结构分别模拟四种不均匀沉降,进行四大工况 24 个小工况的地震激励试验,通过对试验结果的分析,主要研究结论如下:

(1)矿区煤炭开采导致建筑物不均匀沉降量越大,结构自振频率越小,整体刚度折减较大;地震作用后,刚度下降显著,结构损伤加剧。当地震单独作用时,楼层加速度放大系数随楼层位置增加呈放大趋势,受采动影响后,结构底层加速度放大系数变大,梁柱节点存储的弹性应变能达到阈值,过早通过塑性损伤耗散地震能量,构件产生裂缝时间较早,数量较多,采动损伤与地震作用增强后存在薄弱层向上部扩展现象,抗倒塌能力下降。

(2)采动影响程度增大,结构加速度呈放大趋势,结构底部加速度反应谱峰值增加效果显著,顶层的加速度变化量明显小于底层,且顶层加速度反应谱有小幅值增大。底部加速度越大,过早的发生塑性损伤消耗掉地震传到上部结构的能量,上部结构的加速度就会有越明显的衰减,说明采动初始损伤影响下,结构主要通过底部损伤耗散地震输入能量。随着地震作用的增强,结构底部加速度变化较为剧烈,受采动影响,底部结构的加速度反应谱峰值对应的周期增加效果显著,结构顶层加速度时程曲线变化较为平缓,顶层加速度变化曲线整体增大,顶层结构的加速度反应谱峰值对应的周期延长效果不显著。不均匀沉降量越大,结构重心降低越多,底层加速度放大系数增量越大,地震作用下结构底层容易过早的进入塑性损伤状态耗散大量地震输入能,不利于地震能量向上层传递与分散,形成塑性损伤薄弱区。强震扰动下煤矿采动损伤建筑结构的薄弱区向上扩展,地震总输入能一定的条件下,其余各层耗散地震输入能相对较少,底部结构塑性铰增多,抗震稳健性降低,容易发生整体失稳,结构抗倒塌能力下降。

(3)同一烈度相同地震波作用下,受采动影响越大,结构层间位移越大,随着地震动力的增加,底部结构层间位移增大效果显著。同一烈度相同工况的情况下,地震激励相同时,层间位移走势基本相同,数值差别较小。7 度设防烈度下,采动影响较大的工况,其首层与二层最大层间位移角均超过规范限值$[\theta^p]$,采动影响较小的工况,一般表现为首层最大层间位移角超限,说明采动影响较大时,存在薄弱层向上发展现象。当地震强度增大时,多个受采动影响的工况呈现首层与二层的最大层间位移角超限,采动损害最大的模型,其三层最大层间位移角超过规范限值,这说明地震强度增大,采动损害越大,结构薄弱层向上层发展越显著,此时结构底部已经形成大量塑性铰,底层构件损害严重,容易引起底层垮塌,存在极大的安全隐患。

(4)地震前期结构主要通过阻尼耗散地震输入能量,随着地震持时增加,滞回耗能占主导地位,受煤矿采动影响,不均匀沉降量越大,结构存储弹性应变能的阈值越低,主要耗能方式转换节点越提前,地震峰值变大,滞回耗能与阻尼耗能差值越大,结构累积损伤加剧,抗震性能严重劣化。

(5)受采动影响,地震荷载作用下,角柱在水平方向约束相对较少,纵筋应变响应最显著,中柱响应最小。在试验过程中,采动损伤模型的构件开裂时间、裂缝数量明显多于地震单独作用,采动影响较大时,模型刚心与质心的偏心距增大,薄弱层向上发展。

(6)动力破坏试验表明,随着采动损害对结构影响的增大,相同地震作用下,受采动损害较大的模型,会提前发生塑性损伤,构件由微裂缝→裂缝→贯通裂缝的发展过程越快。地震强度不断增大,随着地震损伤的累积,煤矿采动损害下,框架节点纵向裂缝向上层发展,底部结构塑性铰数量急剧增多,采动影响大的模型先于其他结构发生动力失稳倒塌。

(7)煤矿采动对建筑物产生初始损伤,在地震动力扰动下,会加剧结构的初始损伤。与地震单独作用下的结构相比,采动损害会加剧建筑物在地震作用下的次生损伤。

4 采动影响下建筑结构数值模拟分析

4.1 引言

目前,地震工程领域中常用的弹塑性分析方法有两种,首先是静力弹塑性分析法(POA),也称为侧移分析法或静力荷载增量法。POA 法于 1974 年率先由美国人 Freeman 提出,FEMA - 273、ATC - 40、Caltrans SDC、GBJ 50011—2010 等在编制时借鉴了该分析方法[159-161],其侧重于通过结构抗侧移能力反应结构的抗震性能[162-166],主要控制位移限值。该分析方法的局限性为未能体现结构在地震每一瞬间的刚度与强度变化[167-168],基于以上缺点,POA 方法存在明显不足,广大学者开始重视动力弹塑性分析方法。该计算理论将结构作为弹塑性振动体系加以分析,对每一瞬态时刻的地震动做逐步积分,可以得到结构在每一瞬间的地震反应[169-172],但该方法存在计算量大、耗时较长等不足,这是制约弹塑性动力分析方法发展的瓶颈。随着近几年计算机软件、硬件技术突飞猛进的发展,如 Linux 平台的 Beowulf 集群功能、云计算等新兴计算技术的出现,以及大型有限元数值模拟软件的辅助,动力弹塑性分析方法正在被国内外越来越多的地震工程研究者所接受[173-178],我国《高层建筑混凝土结构技术规程》(JGJ 3—2010)5.1.13条就采用了此类分析方法。

进行结构动力弹塑性分析常用的有限元数值分析软件有 ABAQUS、ANSYS/LS - DYNA、MSC、SAP2000,其中 ANSYS/LS - DYNA 具有丰富的材料库,显示分析能力较强,比较适合做动力破坏仿真分析[179-182]。鉴于此,这里采用 ANSYS/LS - DYNA 对试验模型进行数值模拟研究,该软件具有强大的前后处理功能、算法丰富,其拥有的显式算法模块特别适合处理地震工程领域中的大变形、大转动、难收敛等复杂的非线性动力问题,在土木工程领域应用范围较广。ANSYS/LS - DYNA 程序架构如图 4.1 所示。

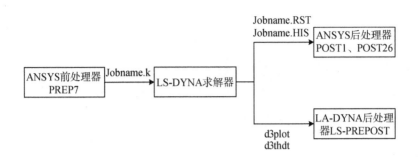

图 4.1　ANSYS/LS－DYNA 程序架构

4.2　数值模拟理论

4.2.1　构件模型及材料本构关系

钢筋与混凝土采用整体式建模，混凝土选用 Solid164 实体单元，该单元为三维 8 节点，只适用于显示动力分析。钢筋属性弥散到混凝土实体单元中，钢筋与混凝土之间共用节点，节点自由度一致，两种材料位移变形协调，不考虑两种材料的相对滑移[183-184]。

﹡MAT_Concrete_Damage_REL3 模拟混凝土，在 ANSYS/LS－DYNA 中其材料号为 72 型。Karagozian & Case（K&C）混凝土模型-Release Ⅲ，模拟混凝土损伤与应变率对应关系，其起源基于伪张量模型（材料类型 16）。Malvar 等人对 Release Ⅲ 进行了改进，输入混凝土的无侧限抗压强度和弹性模量等少数参数，既可实现其余必要参数的自动生成功能，也能较好地模拟钢筋混凝土损伤破坏本构。

﹡MAT_PLASTIC_KINGMATIC 模拟钢筋材料，该材料模型既可实现材料各向同性硬化模型，又可模拟应变率对材料性能的影响，其计算过程按照公式（4.1）进行。在模型参数设置中，利用（TB，PLAW，…，1 和 TBDATA）进行其余参数的输入。

$$\sigma_y = \left[1 + \left(\frac{\dot{\varepsilon}}{C}\right)^{\frac{1}{P}}\right](\sigma_0 + \beta E_P \varepsilon_p^{eff}) \tag{4.1}$$

式中，σ_0 为初始屈服应力；$\dot{\varepsilon}$ 为应变率；C 和 P 为应变率参数；ε^{eff} 为有效塑性应变；E_P 为塑性硬化模量。

由公式(4.2)计算得

$$E_P = \frac{E_{\tan} E}{E - E_{\tan}} \tag{4.2}$$

为了更好地模拟采动影响下的建筑结构,在地震动力作用下,其抗震稳健性下降,逐步演化为渐进式倒塌,在结构仿真分析中如何实现材料的断裂破坏是至关重要的。因此,在有限元模拟中需要定义一个破坏准则来判别材料在某一时刻是否失效。在 ANSYS/LS-DYNA 中可以通过 *MAT_ADD_EROSION 定义混凝土材料失效,使用 Erosion 算法,该算法对于同一种材料,可以设置多种失效准则,以应力失效准则和应变失效准则为主,对荷载作用下的单元进行计算,若该单元所处状态达到某一失效准则,则该单元不再参与计算分析,自动移除,实现混凝土开裂的模拟。

应变率对混凝土的力学性能有很大的影响,尤其在动力荷载下,材料的应变率是动态变化的,若考虑采用混凝土强度作为判断失效的标准,显然对计算分析结果的精度影响较大。文献[185-188]经过大量数值模拟与试验表明:在动力往复或冲击荷载作用下,混凝土材料的应变率变化对其强度影响作用较大,应变率变化对混凝土的极限应变影响相对较小,在数值模拟中不建议采用单一的强度破坏准则,所以本研究采用拉伸应变准则与强度准则相结合的方式作为混凝土材料的破坏准则。在模拟过程中重视单元网格尺寸对失效应变的影响,因此单元格尺寸的确定需要多次试算。根据《混凝土结构设计规范》(GB 50010—2010)中的有关规定,混凝土材料破坏时的应变称为极限应变 ε_u,结合混凝土单轴压缩($\varepsilon_{co} = 0.002, \varepsilon_{cu} = 0.004$)与拉伸($\varepsilon_{to} = 0.000\ 2, \varepsilon_{tu} = 0.001$)应力-应变全曲线可知,混凝土的力学性能以抗压强度为主,其极限压应变远大于极限拉应变。所以,本研究中的混凝土材料取其极限拉应变($\varepsilon_{tu} = 0.001$)作为开裂破坏准则,强度准则按照原型结构设计强度取值;对于钢筋的失效,经过试算,塑性应变达到 0.15 时删除失效单元比较合理。

4.2.2 接触控制

建筑结构在倒塌的过程中,构件之间、构件与地面间难免会发生相互碰撞,断裂构件与残余构件之间相互挤压接触衍生出新的塑性损伤,因此,在结构仿真分析中有必要处理好结构动态变化中的接触问题。在 ANSYS/LS-DYNA 有限元显式算法中有关接触参数的定义要比隐式算法方便快捷,结合本模型特点,接触算法选用适合本模型的罚函数法。

为使每一时刻的接触应力有效传递,在定义好接触算法之后,下一步就是选择接触类型,在 ANSYS/LS-DYNA 有限元程序中适合结构抗震分析的接触类型有三种,分别是面-面接触、点-面接触和单面接触。不同的接触类型有着不同的适用属性。面-面接触适合于物体间接触面积较大、面-面之间的穿透以及接触面之间相对位移较大的情况,不符合建筑结构倒塌过程中的碰撞情况。点-面接触必须定义主、从接触面,并对主、从面设置一定的刚度,而对建筑结构倒塌过程中的主、从接触面的判定具有不确定性,不宜采用此接触类型。单面接触与上述两种接触相比,无需对主、从面进行规定,能够处理大变形问题,程序可根据构件状态自动判别接触与穿透,计算时间相对较短,非常适合工程结构抗连续倒塌分析。选择好适合本研究对象的有限元模型特点的接触类型以后,需要设定多种摩擦系数,分别设置 $FS(u_s=0.5)$、$FD(u_d=0.4)$、$DC(u_c=0.6)$,进而可确定接触面间的摩擦力,关于 FS、FD、DC、VA 的定义,可通过 EDCGEN 命令实现。

4.2.3 网格划分

网格划分是建立有限元分析模型的重要组成部分,其划分数量的多少会影响运算时间,划分的规则性会直接影响分析精度。关于网格数量、计算时间与精度的关系如图 4.2 所示。

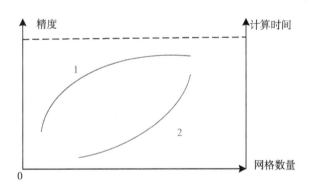

图 4.2 网格数量、计算时间与精度的关系

合理的网格划分对数值模拟计算的精度和收敛性有着重要影响,计算单元的高度 h_{max}、宽度 b_{max} 按公式(4.3)取值[189],式中 λ_s 为波长。单元宽度 $b_{max}=(3\sim5)h_{max}$。

$$h_{max} = \left(\frac{1}{5} \sim \frac{1}{8}\right)\lambda_s \tag{4.3}$$

4.2.4　有限元模型的建立

为进一步研究煤矿采动引起的不均匀沉降对建筑物抗震稳健性及其损伤劣化机理,以有限元软件 ANSYS/LS-DYNA 为工具,研究煤矿采动灾害(单向不均匀沉降与双向不均匀沉降)对建筑物内力、变形及输入能量的影响变化规律。基于以上对试验框架模型进行地震响应分析,进一步完善补充振动台试验数据。

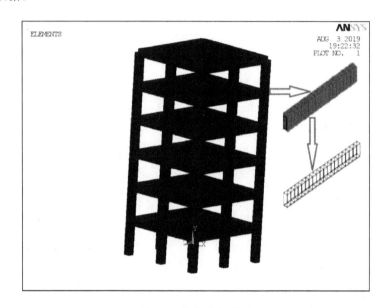

图 4.3　结构分析模型

模型结构梁、板、柱模拟单元的选取为 Solid165 单元,该单元为 3D 实体 8 节点,每个节点 3 个自由度,其最大的优点在于模拟混凝土的压碎、开裂等非线性塑性损伤。地面采用 Shell163 单元,该单元为 4 节点单元,每个节点有 12 个自由度,采用 3D 杆单元 Link160 模拟钢筋,每个节点 3 个自由度,此两类单元只适用于显示动力学分析。钢筋混凝土自身材料的组合复杂多样,除了要选择好符合材料属性的本构关系外,还要利用好所选择的材料单元建立合理的有限元模型。这里采用分离式建模,分别建立钢筋和混凝土刚度矩阵,模拟钢筋混凝土。为了更好地模拟钢筋与混凝土的协调变形关系,在钢筋与混凝土之间插入联结单元,有限元模型如图 4.3 所示。

4.3 采动灾害下建筑物损害分析

4.3.1 建筑物单向不均匀沉降

1. 建筑物的应力变化

建筑物单向不均匀沉降作用下的应力变化云图如图 4.4 所示。

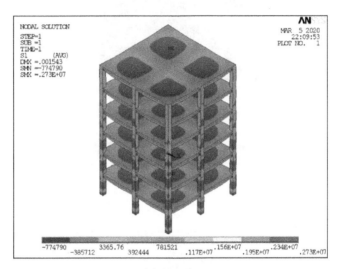

(a) 0 mm/m

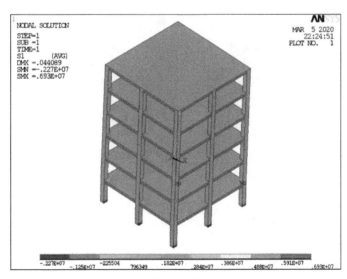

(b) 2 mm/m

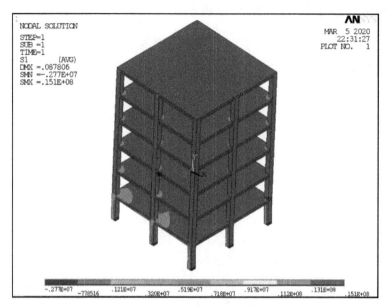

(c) 4 mm/m

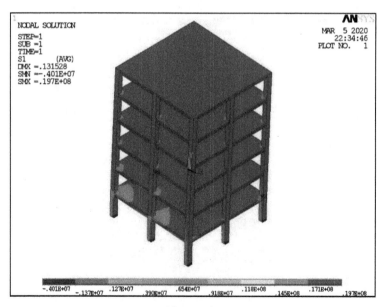

(d) 6 mm/m

图 4.4　建筑物单向不均匀沉降作用下的应力变化云图

2. 建筑物的应变变化

建筑物单向不均匀沉降作用下的应变变化云图如图 4.5 所示。

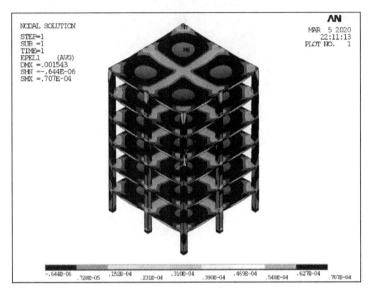

(a) 0 mm/m

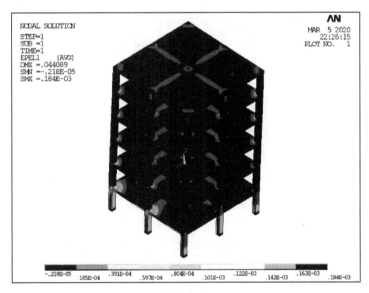

(b) 2 mm/m

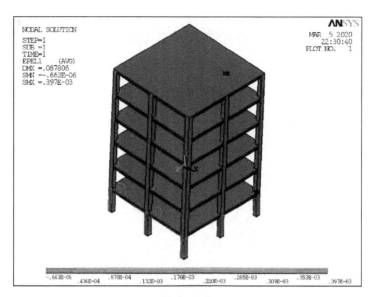

(c) 4 mm/m

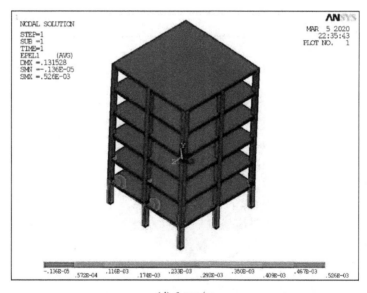

(d) 6 mm/m

图 4.5 建筑物单向不均匀沉降作用下的应变变化云图

3. 建筑物的变形情况

建筑物单向不均匀沉降作用下的变形变化云图如图4.6所示。

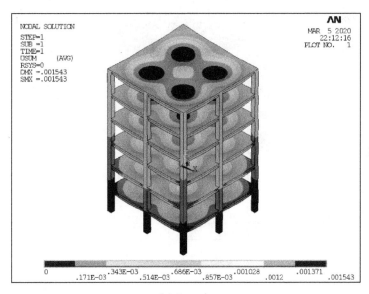

(a) 0 mm/m

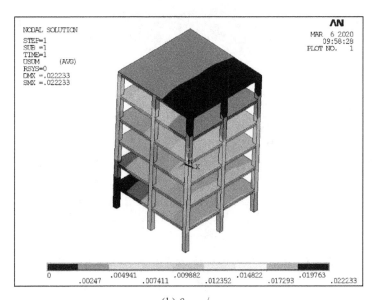

(b) 2 mm/m

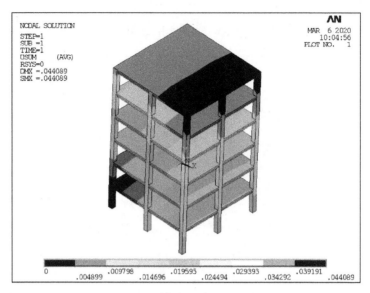

(c) 4 mm/m

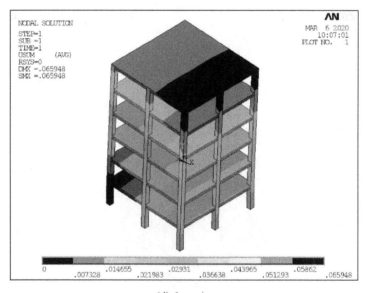

(d) 6 mm/m

图 4.6　建筑物单向不均匀沉降作用下的变形变化云图

4. 结果分析

从应力云图 4.4、应变云图 4.5、变形云图 4.6 可知,由采动作用引起的建筑物单向不均匀沉降,受影响最大的部位主要集中在首层,首层梁柱节点交接处附加应力最大,随楼层位置增加,采动影响作用大幅度衰减,首层和二层柱呈偏心受力状态较为显著,首层楼板上下面受压与受拉区域转换明显,与建筑物不均匀沉降方向平行的首层梁端,拉应力集中明显,该区域附近极易形成破坏点,具体分析过程如下:

(1)应力分析

如图 4.7(b)所示,当单向不均匀沉降为 2 mm/m 时,建筑物最大附加拉应力集中在首层,角柱 C_3 和 E_1 与梁交接处最大,其值为 6.91E06Pa;边柱 B_2、D_1、D_2 与梁交接处,其值为 4.88E06Pa,但边柱 D_2 的拉应力集中区域小于 B_2 和 D_1;中柱 C_2 拉应力最小,其值为 3.86E06Pa;柱 C_1、B_1、A_1 与梁交接处最小且该处呈现压应力,其值为 2.27E06Pa;受采动影响,楼板拉应力朝着建筑物产生不均匀沉降的方向集中,首层楼板的三区、四区局部出现拉应力集中现象。沿着建筑物产生不均匀沉降方向的梁端呈现受拉状态,拉应力向另一端延伸趋势逐渐减弱,梁另一端最终变位受压区。与建筑物不均匀沉降方向垂直的梁,其底部跨中为受拉区,与未受采动影响的结构相比,拉应力区域在减小,梁的两端变为受压区。

如图 4.7(c)所示,当不均匀沉降量为 4 mm/m 时,建筑物最大附加拉应力集中在首层,有向上层扩展的趋势。角柱 C_3、D_2、E_1 与梁交接处最大,其值为 1.31E07Pa,但边柱 D_2 的拉应力区域要小于 C_3 和 E_1;边柱 B_2 和 D_1、中柱 C_2 与梁交接处,其值为 1.12E07Pa,但中柱 C_2 的拉应力集中区域小于 B_2 和 D_1;柱

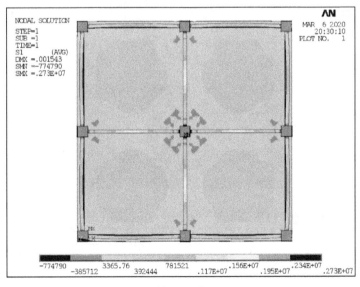

(a) 0 mm/m

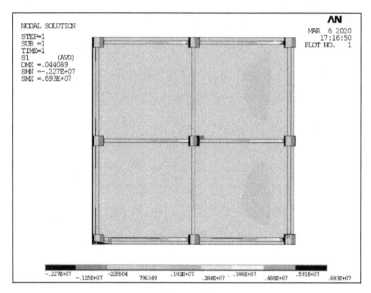

(b) 2 mm/m

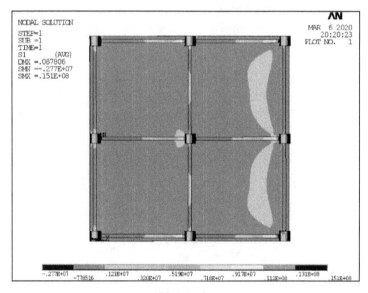

(c) 4 mm/m

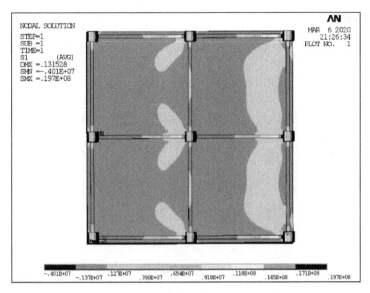

(d) 6 mm/m

图 4.7 建筑物单向不均匀沉降作用下首层应力变化云图

C_1、B_1、A_1 与梁交接处呈现压应力,其值为 2.77 E06Pa。采动影响作用增强,楼板拉应力不断增大,并与边柱 D_2 的梁柱节点相互连通,呈现与角柱 C_3、E_1 的梁柱节点处的拉应力区域即将融合的趋势,与中柱 C_2 相连处的一区、二区楼板角部,开始出现应力集中区。与建筑物不均匀沉降方向垂直的梁,其跨中受拉区域不断减小,梁端的拉应力在增大。

如图 4.7(d)所示,当不均匀沉降量为 6 mm/m 时,建筑物最大附加拉应力集中在首层,并向二层扩展。角柱 C_3 和 E_1、边柱 B_2、D_2、D_1 与梁交接处拉应力最大,其值为 1.71E07Pa,但边柱 B_2 和 D_1 的拉应力区域最小,边柱 D_2 的拉应力区域略小于角柱 C_3 和 E_1;中柱 C_2 与梁交接处,其值为 1.45E07Pa;柱 C_1、B_1、A_1 与梁交接处呈现压应力,其值为 4.01E06Pa。采动影响作用增强,楼板拉应力集中区不断增大,与边柱 D_2 的梁柱节点相互连通的区域不断延伸,与角柱 C_3、E_1 的梁柱节点处的拉应力区域融合并扩散到梁周围,与中柱 C_2 相连处的一区、二区楼板角部,已经出现应力集中区范围不断扩大,与边柱 B_2、D_1 相连的楼板角部的拉应力集中区迅速发展。与建筑物不均匀沉降方向垂直的外围框架梁,其跨中受拉区域基本消失,梁端的拉应力区域在增大。

(2)应变分析

如图 4.8(b)所示,当不均匀沉降为 2 mm/m 时,建筑模型最大拉应变主要

集中在柱 C_3、E_1 与梁交接处，其值为 1.63E-4；其次是柱 B_2、D_1、D_2 与梁交接处，其值为 1.42E-4，但柱 D_2 与梁交接处的拉伸区域小于 B_2 和 D_1；对于楼板处拉应变集中区，表现为从楼板中间向楼板角部扩散，与梁柱节点处的最大拉应变区域开始融合。

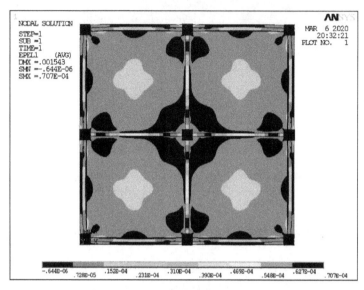

(a) 0 mm/m

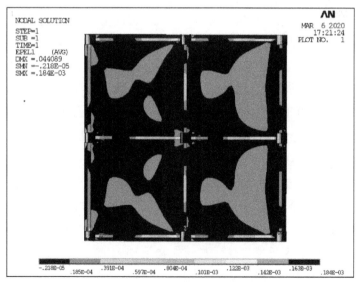

(b) 2 mm/m

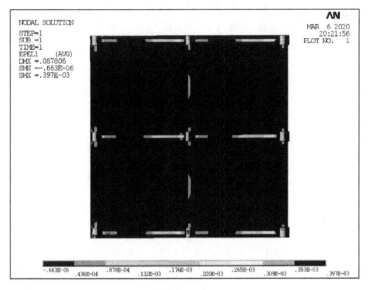

(c) 4 mm/m

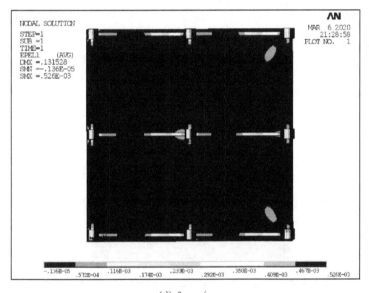

(d) 6 mm/m

图 4.8　建筑物单向不均匀沉降作用下首层应变云图

如图 4.8(c)所示,当不均匀沉降为 4 mm/m 时,分析模型最大拉应变主要集中在柱 C_3、D_2、E_1 与梁交接处,其值为 3.53E−4,但边柱 D_2 的拉应变区域小于角柱 C_3 和 E_1;其次是柱 B_2、D_1、C_2 与梁交接处,其值为 3.09E−4,但中柱 C_2

与梁交接处的拉伸区域小于 B_2 和 D_1；对于楼板底部的拉应变集中区基本全部转化为压应变区域，但楼板顶部与柱相接的区域其拉应变集中区不断扩大，与梁柱节点处的最大拉应变区域开始融合。

如图 4.8(d) 所示，当不均匀沉降为 6 mm/m 时，建筑物最拉大应变主要集中在柱 C_3、D_2、E_1、B_2、D_1 与梁交接处，其值为 4.76E－4，但边柱 B_2 和 D_1 的拉应变区域最小，边柱 D2 与梁交接处的拉应变区域仅次于 C_3 和 E_1；其次是中柱 C_2 与梁交接处的拉应变，其值为 4.09E－4。对于三区、四区的楼板，角柱 C_3、E_1 附近的区域开始出现拉应变集中区，Ⅰ区、Ⅱ区的楼板与中柱 C_2 连接处，拉应变集中区扩散到梁周围，二层可见明显拉应变集中区。

（3）变形分析

建筑物的总变形与应力、应变的变化趋势刚好相反，建筑物的顶部变形最大。当建筑物不均匀沉降为 2 mm/m 时，建筑物的最大变形分别为 2.223E－02 m、4.409E－02 m、6.595E－02 m，总的附加变形分别为 2.069E－02 m、4.255E－02 m、6.441E－02 m，随着采动影响的不断增强，总变形变化趋势朝着建筑物不均匀沉降的方向不断增大。

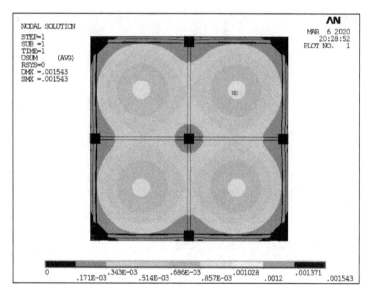

（a）0 mm/m

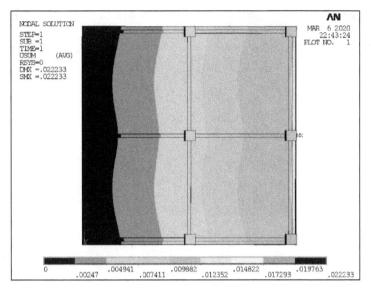

(b) 2 mm/m

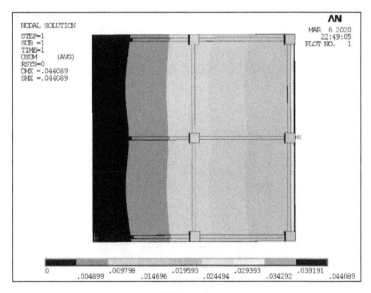

(c) 4 mm/m

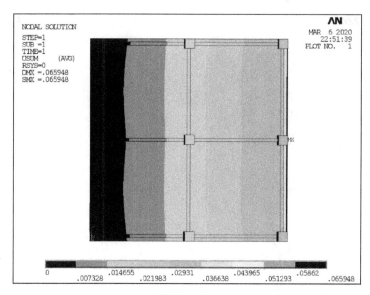

(d) 6 mm/m

图 4.9　建筑物单向不均匀沉降作用下首层变形云图

4.3.2　建筑物双向不均匀沉降

1. 建筑物应力变化

建筑物在双向不均匀沉降作用下的应力云图如图 4.10 所示。

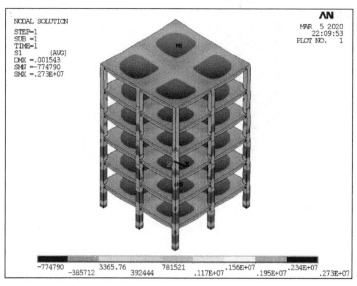

(a) 0 mm/m

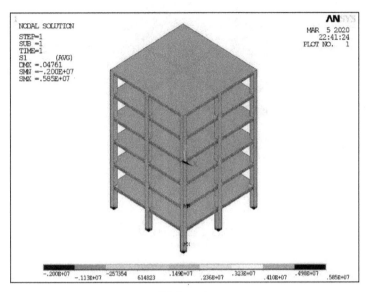

(b) 2 mm/m

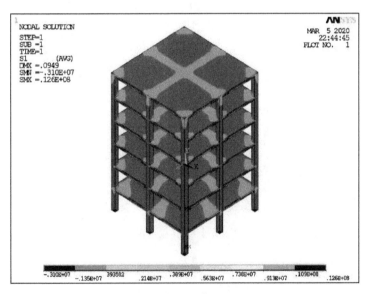

(c) 4 mm/m

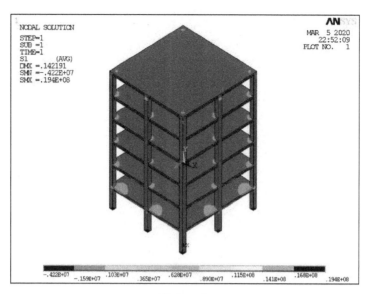

(d) 6 mm/m

图 4.10　建筑物双向不均匀沉降作用下的应力云图

2. 建筑物的应变变化

建筑物在双向不均匀沉降作用下的应变云图如图 4.11 所示。

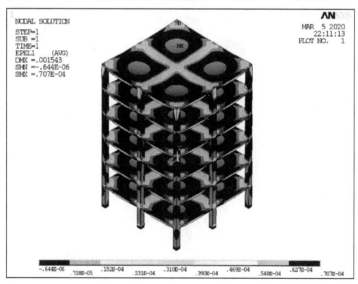

(a) 0 mm/m

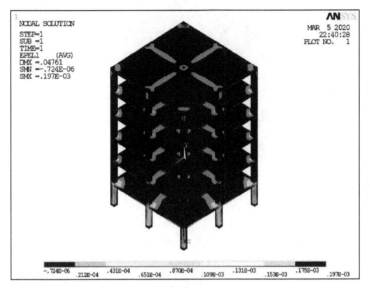

(b) 2 mm/m

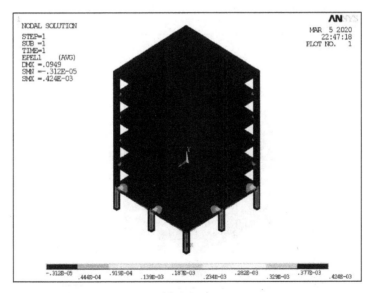

(c) 4 mm/m

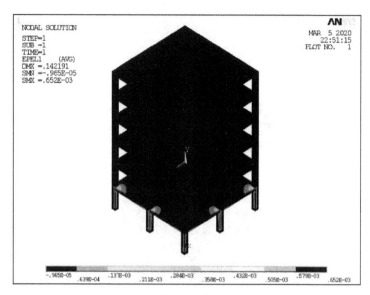

(d) 6 mm/m

图 4.11　建筑物双向不均匀沉降作用下的应变云图

3. 建筑物的变形情况

建筑物在双向不均匀沉降作用下的变形云图如图 4.12 所示。

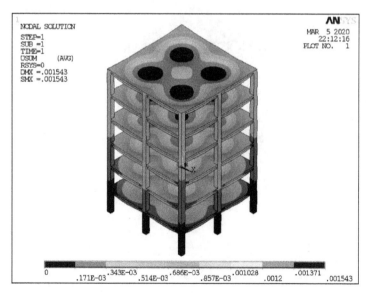

(a) 0 mm/m

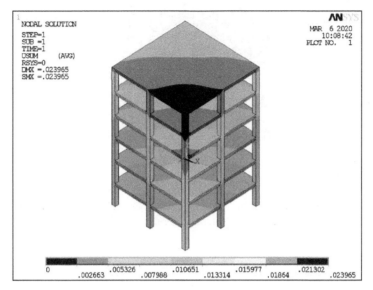

(b) 2 mm/m

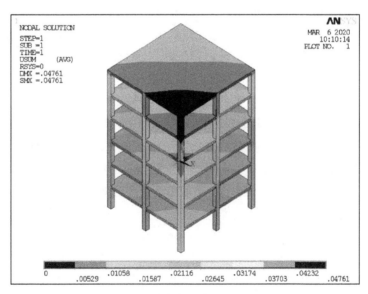

(c) 4 mm/m

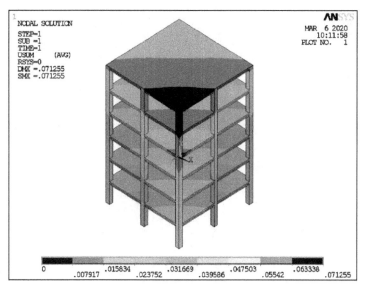

(d) 6 mm/m

图 4.12　建筑物双向不均匀沉降作用下的变形云图

4. 结果分析

从应力云图 4.10、应变云图 4.11、变形云图 4.12 的变化可知,采动影响导致建筑物产生双向不均匀沉降而倾斜,建筑物主要附加应力与附加变形基本集中在首层,随着采动作用的增强,有向上层扩展的趋势。柱沿着对角线方向呈偏心受力状态,若应力集中区位于柱脚,则地震作用下柱脚容易发生剪切破坏,若应力集中区位于梁柱交接处,则呈现向上层发展趋势,该部位的楼板局部区域通过塑性损伤减弱框架节点塑性变形,这说明双向不均匀沉降更容易最先形成"柱铰"破坏点。柱横截面的应变云图表明:未受采动影响时柱截面基本呈压缩变形状态,随着采动作用的增强,柱截面受压变形区域面积在减小,拉伸变形区在不断增大。楼板沿着对角线方向明显呈 45°裂缝发展趋势,在应力应变较大的梁端附近及柱端附近,塑性损伤较为集中,最容易开裂。具体分析过程如下:

(1) 应力分析

如图 4.13(b)所示,当不均匀沉降为 2 mm/m 时,建筑物最大拉应力分布在角柱 E_1,其值为 5.85E06Pa,角柱 C_1 和 C_3 的拉应力小于角柱 E_1,其值均为 4.98E06Pa,拉应力集中区域位于柱脚,并有向框架上部结构蔓延的趋势,角柱 E_1 在地震动力扰动下容易最先丧失抗震稳健性;角柱 A_1、边柱 B_1、B_2 的拉应力变化表现为从梁柱交接处到柱底逐渐减弱,拉应力均为 4.10E06Pa,但边柱的拉应力集中区域要小于角柱;边柱 D_1 和 D_2 的最大拉应力也为 4.10E06Pa,但拉应力集中区位于柱脚,随着柱高度增加而最大拉应力影响范围在减小;中柱受影响较小,拉应力集中区位于梁柱交接处,其值为 3.23E06Pa,沿柱脚方向拉应力区域逐渐减小。对于梁,沿着建筑物沉降的 X 或 Z 方向的梁端底部受拉,与角柱连接处最大,其次是与边柱连接处,最小的是与中柱连接处,然而梁的另一端底部变为受压。对于楼板顺着其对角线方向呈现明显的 45°拉压区分界线,Ⅳ区的楼板上表面最容易沿着边柱 D_1 和 D_2 的对角线形成 45°裂缝,其次是Ⅱ区和Ⅲ区的楼板,拉应力最小的是Ⅰ区楼板,与未受采动影响的结构楼板应力状态相比,其受力状态更为复杂。

如图 4.13(c)所示,当不均匀沉降为 4 mm/m 时,该模型的最大拉应力集中区位于角柱 E_1 的柱脚处,其值为 1.26E07Pa,角柱 C_1 和 C_3 的最大拉应力也位于柱脚局部,其值为 1.09E07Pa,应力扩散区域均已延伸到框架节点下部;角柱 A_1、边柱 B_1 和 B_2 的最大拉应力增大到 9.13E06Pa,拉应力集中区位于框架节点处,致使节点形成局部塑性损伤,并明显向下延伸到柱脚;边柱 D_1 和 D_2 从柱脚到框架节点下部,最大应力基本均匀分散,其值为 9.13E06Pa;中柱 C_2 最大拉应力逐渐延伸到框架节点下部,其值增大到 9.13E06Pa,而中柱 C_2 的柱脚最大拉应力为 5.63E06Pa。对于框架梁,受拉端的最大拉应力从 2 mm/m 时的 3.23E06Pa 增大到 4 mm/m 时的 7.38E06Pa,拉应力区域不断扩大;采动作用影响增大,建筑物二层梁的受拉区明显移动到梁端,二层以上框架梁的应力状态与传统框架梁类似。对于楼板,与双向不均匀沉降为 2 mm/m 时相比,拉应力区域在扩大,拉应力从614 823 Pa 减小到 393 582 Pa,压应力从 357 354 Pa 增加到 1.35E06Pa。

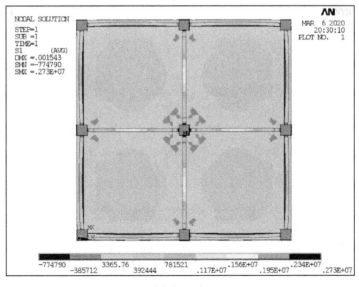

(a) 0 mm/m

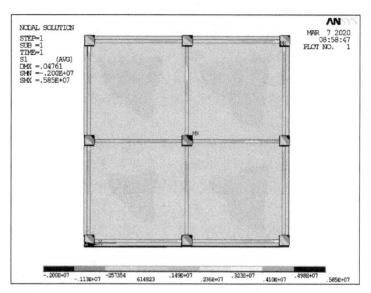

(b) 2 mm/m

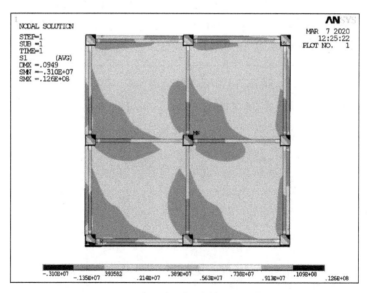

(c) 4 mm/m

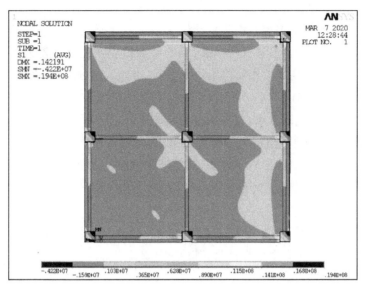

(d) 6 mm/m

图 4.13　建筑物双向不均匀沉降作用下首层应力云图

如图 4.13(d)所示,当不均匀沉降为 6 mm/m 时,角柱 E_1 的最大拉应力在柱脚的影响范围持续扩大,其最大值为 1.94E07Pa;中柱 C_2 的拉应力发展较快,其最大值为 1.67E07Pa,应力云图表明,此时的不均匀沉降对楼板有较大影响,沿着楼板对角线形成大约 45°的局部拉应力集中区;角柱 C_1、C_3、A_1 的最大拉应力为 1.41E07Pa,其影响区域已经覆盖框架梁节点,并延伸到二层框架柱,其值为 1.03E06Pa,但角柱 C_1 和 C_3 的柱脚最大拉应力较为集中,A_1 最大拉应力集中在节点附近;边柱 B_1、D_1、B_2、D_2 最大拉应力为 1.41E07Pa,但边柱 B_2、D_2 的拉应力集中区位于框架节点附近,所以该处框架节点应力较为集中。对于框架梁,拉应力区域在缩小,但拉应力向梁端集中并持续增大,最大拉应力从 4 mm/m 时的 7.38E06Pa 增加到 6 mm/m 时的 1.15E07Pa,增加了 1.559 倍,二层外围框架梁跨中受拉区向梁端移动现象明显。采动作用增强,对于楼板,Ⅱ区和Ⅲ区沿着中柱 C_2 局部呈现拉应力为 1.03E06Pa 的应力集中现象,四区拉应力范围最大。

（2）应变分析

如图 4.14(b)所示,当不均匀沉降为 2 mm/m 时,建筑结构最大拉应变发生在角柱 E_1 柱脚处,其值为 1.97E−4,角柱 C_3 和 C_1 的最大拉应变主要集中在柱脚,为 1.75E−4,角柱 E_1、C_3、C_1 的拉应变集中范围随着柱高度增加而变小;角

柱 A_1、边柱 B_1 和 B_2 的拉应力集中区位于首层梁柱相接处,其值为 1.53E−4,拉应变集中区域向框架节点扩散现象比较明显,接触更容易形成塑性区,地震荷载作用下发展为"塑性铰";边柱 D_1 和 D_2 的最大拉应变在柱脚较为显著,其值为 1.53E−4,随着柱高度增加其作用效果变弱;中柱 C_2 的最大拉应变集中在梁柱交接处,其值为 1.31E−4。对于梁,其拉应变集中区位于 X 或 Z 方向的一端,另一端的拉应变范围较小,其余部分为压应变区,且偏离跨中,与传统梁的受力状态差别较大,与角柱连接处的拉应变最大,与边柱连接处的拉应变次之,与中柱连接处的拉应变最小。对于楼板,其底部的拉应变区域在不断缩小,压应变区域在扩展,其中 Ⅰ 区应变状态变化最快,其次是 Ⅱ 区和 Ⅲ 区,Ⅳ 区拉应变状态面积最大。

如图 4.14(c)所示,当不均匀沉降为 4 mm/m 时,模型结构的角柱 E_1 的最大拉应变继续增大,主要集中在柱脚,其值为 4.24E−4,角柱 B_1 和 B_2 位于柱脚的最大拉应变增大到 3.77E−4,角柱 E_1、B_1、B_2 的最大拉应变集中区要比不均匀沉降 2 mm/m 时的要大;角柱 A_1、边柱 B_1 和 B_2 的最大拉应变扩展到外围框架节点处,其值为 3.29E−4,而柱脚处的最大拉应变为 1.87E−4,框架节点塑性区发展较快;边柱 D_1 和 D_2 从柱脚到框架节点,最大拉应变较为均匀,其值为 3.29E−4;然而中柱 C_2 与 D_1 和 D_2 的应变状态明显不同,中柱 C_2 的最大拉应变位于梁柱节点局部偏下,其值为 3.29E−4,柱脚最大拉应变为 1.29E−4。对于梁结构,采动影响作用增大,沿着 X 或 Z 方向的梁端拉应变区域在减小,但拉应变在增大,拉应变从 2 mm/m 时的 8.7E−5 增加到 4mm/m 时的 1.87E−4,变形集中向梁端发展。首层楼板底部拉应变区域基本全部转变为压应变区域,压应变从 2 mm/m 时的 7.24E−7 增加到 4mm/m 时的 3.12E−6,但楼板上表面与柱相接处形成明显的拉应变塑性损伤薄弱区,在地震动力扰动下,这些部位最容易损伤劣化,形成破坏裂缝。

如图 4.14(d)所示,当不均匀沉降为 6mm/m 时,角柱 E_1 的柱脚拉应变最大,其值为 6.25E−4,角柱 C_1 和 C_3 的最大拉应变类似于角柱 E_1 均集中在柱脚,但作用区域要小于 E_1;角柱 A_1、边柱 B_1 和 B_2、中柱 C_2 的最大拉应变为 5.05E−4,拉应变在梁柱节点偏下位置较大,尤其是中柱 C_2 在节点局部变形量更为显著,中柱 C_2 的上端与柱脚最大拉应变分别为 5.05E−4、3.58E−4;柱横截面的压应变区域随着采动作用的增强而减小。框架梁底部的拉应变范围继续减小,但应变值在增大,说明变形量较大。楼板底部全部转化为压应变,从双向不均匀 4 mm/m 时的 3.21E−6 增加到 6 mm/m 时的 9.65E−6,变形量扩大了3 倍;首层柱与楼板上表面相连处的局部拉应变较大,容易形成塑性损伤区,其拉应变位于 2.21E−5 至 2.11E−4 之间。

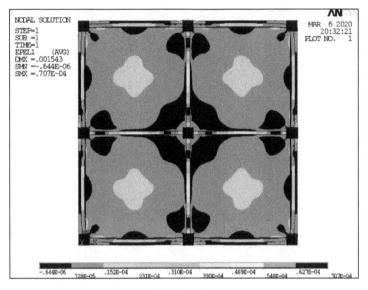

(a) 0 mm/m

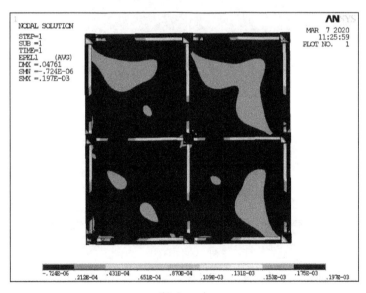

(b) 2 mm/m

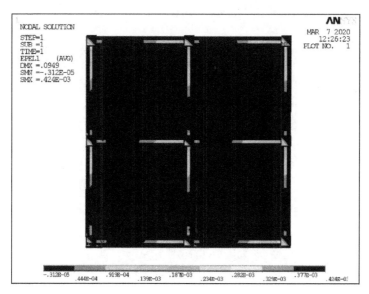

(c) 4 mm/m

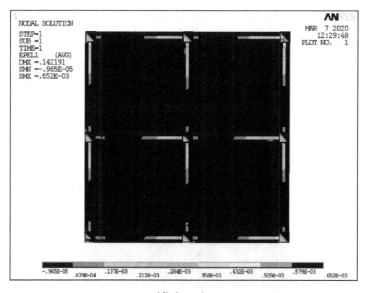

(d) 6 mm/m

图 4.14　建筑物双向不均匀沉降作用下首层应变云图

（3）变形分析

　　当建筑物为双向不均匀沉降时，建筑物的总变形变化规律类似单向不均匀沉降，总变形与应力、应变的变化趋势刚好相反，建筑物的顶部沿着对角线倾斜的角部区域变形最大。当建筑物不均匀沉降为 2 mm/m 时,建筑物的最大变形分别为 2.397E−02 m、4.761E−02 m、7.126E−02 m,总的附加变形分别为 2.243E−02 m、4.607E−02 m、6.287E−02 m,随着采动影响的不断增强,总变形变化趋势朝着建筑物不均匀沉降的方向不断增加。

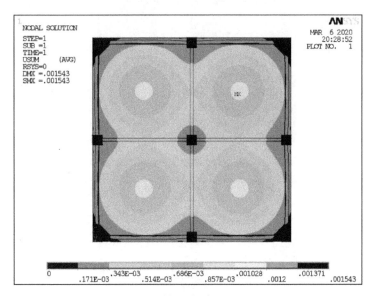

(a) 0 mm/m

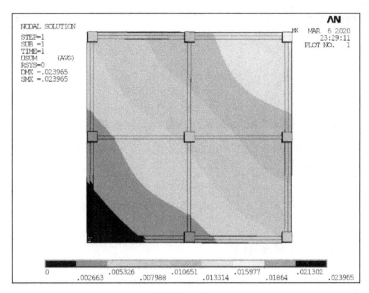

(b) 2 mm/m

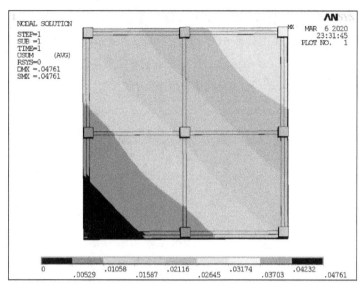

(c) 4 mm/m

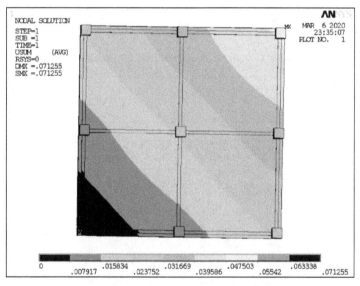

(d) 6 mm/m

图 4.15　建筑物双向不均匀沉降作用下首层变形云图

4.3.3　建筑物破坏损害分析

　　将 4.3.1 和 4.3.2 中的应力、应变及变形云图中的最大值进行提取,并汇总在表 4.1 中进行分析。

表 4.1　采动影响下建筑物的最大应力、应变及变形值

沉降	0 mm/m	2 mm/m		4 mm/m		6 mm/m	
	基准	单向	双向	单向	双向	单向	双向
拉应力	2.730E+06	6.930E+06	5.850E+06	1.510E+07	1.260E+07	1.970E+07	1.940E+08
拉应变	7.040E-05	1.840E-04	1.970E-04	3.970E-04	4.240E-04	5.260E-04	6.520E-04
总变形	1.543E-03	2.223E-02	2.397E-02	4.409E-02	4.761E-02	6.595E-02	7.126E-02
压应力	-7.748E+05	-2.270E+06	-2.000E+06	-2.770E+06	-3.100E+06	-4.010E+06	-4.220E+06
压应变	-6.440E-07	-2.180E-06	-7.240E-07	-6.630E-07	-3.120E-06	-1.360E-06	-9.650E-06

分析表 4.1 中采动影响下建筑物的最大应力、应变及变形值可得到如下结论。

（1）与未受采动影响的框架结构相比，不管是单向不均匀沉降引起的建筑物倾斜，还是双向不均匀沉降引起的建筑物倾斜，对建筑结构产生的附加应力和附加变形，均随着采动作用的增强而逐渐增大。

（2）两种不均匀沉降引起的建筑物倾斜，对建筑物的影响都主要集中在首层，随着楼层的增加，采动影响作用在减弱；当采动作用增强的时候，向上层发展的现象较为明显。

（3）在单向不均匀沉降影响下，建筑模型的柱呈偏心受压状态，受拉区与受压区分界线垂直于建筑物倾斜方向，随着沉降量的增大，柱受压区面积在减小，受拉区域在增大；在双向不均匀沉降影响下，建筑物的柱也呈偏心受压状态，受拉区与受压区的分界线与柱对角线平行，随着沉降量的增大，柱截面受压区与受拉区的变化规律与单向不均匀沉降类似。

（4）在单向不均匀沉降影响下，与建筑物倾斜方向平行的梁端附加应力或附加变形较为集中，塑性变形较大，动力扰动下容易最先形成"梁铰机制"；在双向不均匀沉降影响下，部分底层柱的柱脚以及部分框架节点偏下局部区域附加应力或附加变形较大，在地震荷载作用下，容易较早地形成"柱铰机制"，丧失抗震稳健性，容易过早地发生倒塌，对结构影响较大。

（5）在单向不均匀沉降影响下，框架梁的应力变化状态，受梁的长度方向与建筑物倾斜方向所影响。而在双向不均匀沉降影响下，梁的应力及变形状态，基本一致表现为偏离跨中，拉应力或拉应变向梁一端集中。

（6）单向不均匀沉降与双向不均匀沉降相比，其框架节点塑性损伤区的发展较弱，所以在双向不均匀沉降影响下，首层楼板与柱连接处，出现多处应力集

中区,更容易形成破坏裂缝,采动作用增强时有生成 45°剪切破坏裂缝的趋势。

(7) 对于混凝土结构,主要的力学性能是承受压力,抗拉能力最小,压应力与压应变由表 4.1 中的数据可知,在相同拉应力作用下,在双向不均匀沉降影响下,结构的拉伸变形量或总变形较大。

通过上述分析可知,煤矿采动引起的不均匀沉降导致建筑物产生双向倾斜,对结构的危害更大,迫切需要加强此方面的研究。

4.4 仿真分析与试验结果对比

4.4.1 结构动力特性

(1) 模态分析理论

基于结构动力学理论建立多自由度力学平衡关系为

$$[M]\{\ddot{x}\} + [C]\{\dot{x}\} + [K]\{x\} - \{P(t)\} = \{0\} \tag{4.4}$$

式中,$[M]$ 为多自由度体系质量矩阵;$[C]$ 为体系阻尼矩阵;$[K]$ 为体系刚度矩阵;$P(t)$ 为体系所受外力;$\ddot{x}$、$\dot{x}$、x 分别为质点的加速度、速度和位移。

若令 $[C] = \{0\}$,$\{P(t)\} = \{0\}$,即不考虑阻尼和外力的影响,则可得到无阻尼自由振动动力学方程为

$$[M]\{\ddot{x}\} + [K]\{x\} = \{0\} \tag{4.5}$$

若多自由度做简谐振动,有如下关系式

$$\{x(t)\} = \{\hat{x}\}\sin(\omega t + \theta) \tag{4.6}$$

式中 $\{\hat{x}\}$ 为体系的振型;θ 为相位角;ω 为结构自振频率。

对公式(4.6)微分两次,可得体系各质点加速度列向量,即

$$\{\ddot{x}\} = -\omega^2\{\hat{x}\}\sin(\omega t + \theta) = -\omega^2\{x\} \tag{4.7}$$

将公式(4.6)和公式(4.7)依次代入公式(4.5)中,可推导出如下关系式

$$[[K] - \omega^2[M]]\{\hat{x}\} = \{0\} \tag{4.8}$$

公式(4.8)具有非零解,可计算出其特征方程或频率方程为

$$|[K] - \omega^2[M]| = 0 \tag{4.9}$$

对公式(4.9)做振型归一化可得

$$\{\hat{x}_i\}^{\mathrm{T}}[M]\{\hat{x}_i\} = 1(i = 1, 2, \cdots, n) \tag{4.10}$$

ANSYS/LS-DYNA 将基于公式(4.10)对有限元模型的振型与频率进行计算,即模态分析。

(2) 模态分析结果

通过 Block Lanczos 分块法对四种不均匀沉降的原型结构进行初始动力特性分析,仅对各模型在采动影响下的振型与振动台试验结果进行吻合度验证,图 4.16 为四个模型的模态分析一阶频率结果。

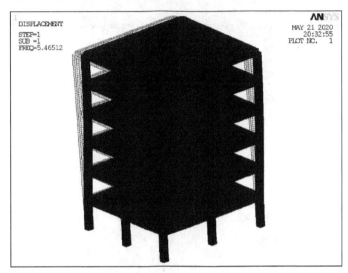

(a) 模型一 0 mm/m

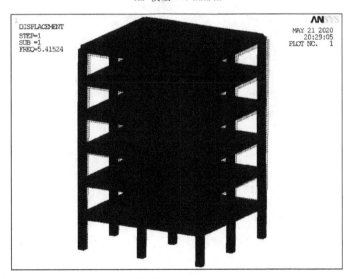

(b) 模型二 2 mm/m

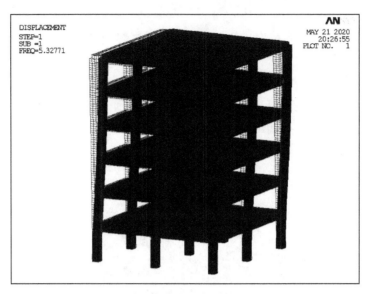

（c）模型三 4 mm/m

（d）模型四 6 mm/m

图 4.16　模态分析一阶频率

　　进行有限元模拟分析时，用到的物理参数主要为结构自振频率或自振周期，并且该参数对结构的动力特性影响较显著，图 4.16 为原型结构在试验前四种不均匀沉降下的模态分析结果，其一阶频率分别为 5.465 Hz、5.415 Hz、5.327 Hz、5.216 Hz，与试验模型结构一阶频率相差 8.21%、8.96%、9.28%、

9.57%，其吻合度较好，说明该有限元模型与振动台试验模型动力特性极为相似，可较好地反映原型结构的动力特性，且原型结构扭转振型周期与第一平动周期之比分别为 0.56、0.58、0.65、0.71，原型结构具有一定的抗扭刚度，但受采动引起的双向不均匀沉降影响，结构刚度中心与质量中心不重合度较高，抗扭刚度在下降。

4.4.2　位移时程响应

结合振动台试验过程中采集的各测点数据，按公式(4.11)可以推算出原型结构最大位移反应。

$$\Delta_i = \frac{a_m \Delta_{mi}}{a_0 C_d} \tag{4.11}$$

式中 Δ_i 与 Δ_{mi} 分别为原型与模型结构 i 测点最大位移反应，a_m 为根据加速度相似比求得的模型输入加速度峰值，a_0 为模型实测基底最大加速度，C_d 为模型位移相似系数。以 7 度设防地震下各模型位移响应为例，有限元模型所得顶点位移时程曲线与试验模型顶点位移曲线如图 4.17 所示，有限元计算与缩尺模型试验所得位移时程曲线变化趋势基本一致。通过有限元模型计算所得原型结构顶点峰值位移分别为 2.53 mm、4.42 mm、7.34 mm、10.63 mm，与通过公式(4.11)计算所得的原型结构峰值位移相差 13.08%、11.50%、13.85%、12.17%。这是由于模型制作过程中存在构件误差，以及有限元模拟过程中钢筋与混凝土之间的黏结滑移动态变化，导致有限元计算结果略小于试验结果。

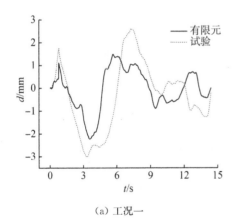

（a）工况一

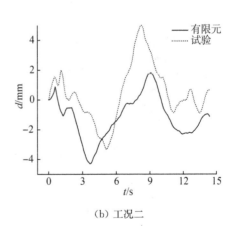

（b）工况二

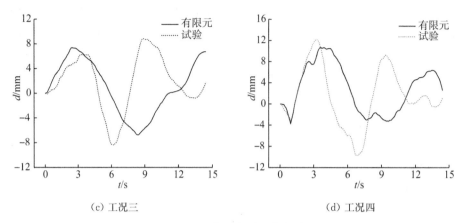

（c）工况三　　　　　　　　　　　　（d）工况四

图 4.17　顶点位移时程曲线对比

4.4.3　动力破坏形态对比分析

通过有限元仿真得到煤矿采动对建筑物的影响，以模型四为例，建筑结构倒塌全过程如图 4.18 所示。在双向不均匀沉降影响下，建筑物产生双向倾斜，在地震动力激励下，有限元仿真过程显示：首层柱的角柱节点开裂损伤形成塑性铰、柱脚产生贯通裂缝并丧失抗震稳健性，从建筑物倾斜方向的角柱处最先失稳破坏，其余柱先后失去稳定性，底层楼板塌落碰撞地面，倒塌范围逐渐发展到二层，导致建筑物整体倒塌，与振动台动力破坏试验过程（图 3.31）极为相似。

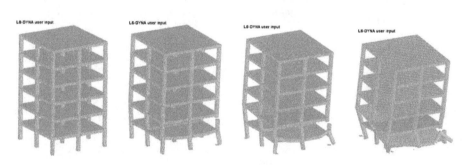

图 4.18　结构仿真倒塌过程

根据以上分析，并结合图 4.16、图 4.17 及图 4.18 的有限元分析结果可知，基于以上理论进行的有限元计算结果与振动台试验结果吻合度较高，利用 AN-SYS/LS-DYNA 模拟煤矿采动对建筑物抗震稳健性及其损伤演化规律是可行的，数值模拟过程中所选择的单元及材料参数设置较为合理，采用该方法进行煤矿采动损伤建筑动力破坏仿真分析所得的结论是可靠的。

4.5 本章小结

本章主要利用有限元分析软件 ANSYS/LS‐DYNA 模拟煤矿采动对建筑物的损害作用,在此基础上进行地震动力激励,并与地震模拟振动台试验进行对比分析,验证结构仿真分析的可行性与可靠性,主要研究结论如下。

(1)基于构件模型与材料本构关系,利用有限元分析软件 ANSYS/LS‐DYNA,建立煤矿采动影响下的不均匀沉降分析模型,对其进行应力、应变及变形分析,得到采动影响下的结构产生附加应力与附加变形的演化规律。

(2)在此基础上,按照振动台加载工况,分别对各个模型进行地震动力激励,得到各个模型在采动作用前后、地震激励前后的结构自振频率、动力时程响应及结构倒塌破坏形态,将其与地震模拟振动台试验结果进行对比分析。验证利用 ANSYS/LS‐DYNA 模拟煤矿采动对建筑物抗震稳健性及其损伤演化规律是可行的,数值模拟过程中所选择的单元及材料参数设置较为合理,采用该方法进行煤矿采动损伤建筑动力破坏仿真分析所得的结论是可靠的。为后续利用该分析方法进行土‐结构相互作用下的煤矿采动损伤建筑结构抗震性能分析奠定基础。

5 土-结构相互作用的理论分析

5.1 引言

利用结构动力学理论可以计算地震动力荷载作用下的结构加速度、速度、位移和应力,由于建筑结构的尺寸具有局限性,可列出其离散动力学方程,进而求解结构的振型。但是结构与地基有效土体范围的相互作用不可忽略,因为深处震源产生的地震激励,首先是作用于结构周围的土体,经过地基土体后作用于上部结构,使结构产生一系列的动力振动反应。同时,上部结构的振动反应会反作用于地基土体,基础通过附加变形(沉降、平移、转动等)或附加应力以适应地基变形,基础的变形或应力变化在很大程度上会影响到上部结构的动力反应。尤其是采空区地质因素复杂,原始煤层与其周围岩体的几何形态、弹性性质等材料属性差异较大,传递介质种类较多。已有文献[190-193]研究表明:煤炭未被开采前,与煤层接触的介质界面能够达到较为稳定的波阻抗效果;地下煤炭被开采后,煤层与周围介质的原有物性条件被破坏,随着采空区的下沉,裂隙带逐渐形成的同时,裂隙带岩体结构变得疏松,因此,煤炭开采前后岩体原有的稳定波阻抗变化量较为显著,对地震波的波形和振动频率会有明显改变,地震波的传递特性明显不同。因此,对于采空区边缘地带的工程结构,通常假设地基土为刚性体,单独分析结构是不完善的,多数情况下地震动力荷载是直接作用于土体介质的,需要加强对土体的模拟,有必要研究土-结构相互作用对结构安全性和抗震稳健性的影响。

5.2 土-结构相互作用机制

在地震动力荷载作用下,将土体与结构当作一个整体分析时,二者相互作用机制可分为两种[194],分别为运动相互作用机制和惯性相互作用机制。下面以单自由度体系为例,介绍这两种相互作用机制,如图 5.1 所示,O 点为控制运动点,B、C 均为基础与土体接触面的代表性点,A 为土体表面代表性点。

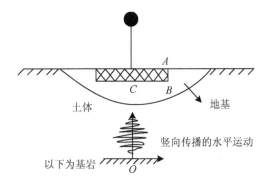

图 5.1　地震激励及结构体系

5.2.1　运动相互作用

图 5.2(a)为自由场地表面土层,图中各点在竖向传播水平运动的地震激励下只做水平运动,虚线部分为基础与地基土体的分界线。地震波在传播过程中,由于场地土层的放大和滤波作用,不仅分界面代表性点 B 和 C,土体表面代表性点 A 与控制点 O 的水平运动不相同,而且 A 点与 B、C 两点的水平运动也不相同。图 5.2(b)中,假设基础为无质量刚性基础,激励方式与图 5.2(a)相同,当地震波传递到土体与基础分界面时会产生一定的散射,导致 A、B、C 三点的运动与图 5.2(a)中的自由场地表面土层有很大的不同,将不局限于水平运动,可能会有转动和竖向运动的产生。

图 5.2(a)和图 5.2(b)中的土层代表性点运动现象具有显著差异,将该现象定义为运动相互作用,其影响因素有基础刚度和土体特性,与上部结构的刚度和质量无关。

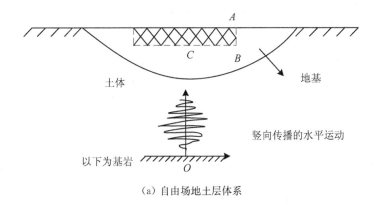

(a) 自由场土层体系

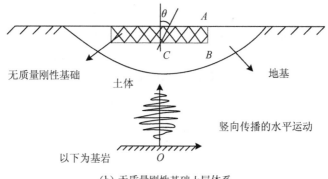

（b）无质量刚性基础土层体系

图 5.2　运动相互作用

5.2.2　惯性相互作用

　　如图 5.3 所示,在地震激励下,上部结构在基础的水平作用及转动作用下发生运动,基础和上部结构作为一个体系,该体系的惯性力将通过基础与地基土体的接触面,以基底剪力 Q 和弯矩 M 的形式作用于地基土体,导致土体产生附加运动和附加应力的现象,该现象属于惯性相互作用。其与基础的质量和刚度以及上部结构的质量、刚度、高度等有关。

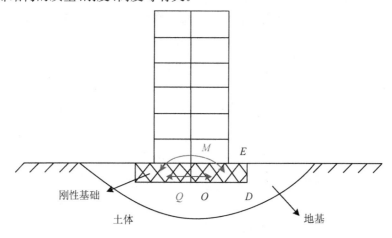

图 5.3　惯性相互作用

5.3　土-结构相互作用简化理论分析模型

　　对于地基与上部结构之间的作用力与反作用力效应的存在,表现为结构对地基土体变形作用产生一定约束,同时,结构自身也产生一定的变形以适应地基变形,最终地基与结构的变形相互协调达到平衡状态。土-结构相互作用是半空间无限土体与上部结构之间的复杂动力学问题,在进行结构地震反应分析时,对于土体的选择一般都是选择有限区域进行分析,这不仅计算过程复杂,而且计算量大。为了既满足工程结构抗震设计的精准度,又简化计算,国内外专家学者经过多年对土-结构相互作用简化理论分析模型的研究,认为该模型主要的计算模型一般有下面几类。

5.3.1 质点系模型

(1) Swing-Rock Model

Swing-Rock Model 简称为 SR 模型,其基本原理为:利用弹簧系统模拟土体的运动状态,将弹簧分别设置在基础底部和侧面,用来模拟上部结构与地基的协调变形作用及相互作用。结构可简化为弯剪型或剪切型(自由场地选用)的多质点体系,如图 5.4 所示,输入建筑物系统的地震加速度激励部位位于基础,该模型主要用来分析上部结构的地震动力反应,不适合研究基础的动力特性[195]。

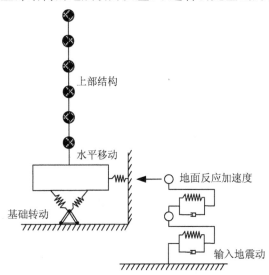

图 5.4　SR 简化模型

(2) Penzien 模型

Richard A. Paramelee 多年致力于土-结构相互作用的研究,于 1967 年提出了 Penzion 模型,该模型基于集中质量法,将上部结构与基础分别简化为质量为 m_1 和 m_0 的单质点体系[195]。同时,将地基土假设为理想土体(半无限、线弹性、各向同性),上部结构与基础通过具有一定刚度和阻尼的杆件相连。上部结构在水平方向上运动,并围绕基础中心点转动,基础只能水平运动,这样整个系统只具有三个自由度。经过上述简化后,地基土体对上部结构的作用可以理解为受到转动方向和水平方向的约束,简化模型如图 5.5 所示。

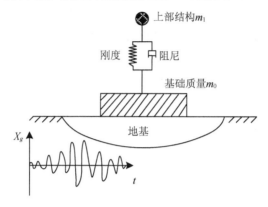

图 5.5 **Penzien 模型**

5.3.2 三维实体模型

随着计算机性能的不断发展,以及土体本构关系在结构仿真分析中的日益完善,在地震动力作用下,三维实体建模分析技术对促进土-结构相互作用领域的研究起到了关键性作用。采用实体建模能够更接近地震动反应在土体中的传播特性,有效处理土与结构的协调变形及相互作用关系[195],还可以更好地将土体的非线性效应及动力作用下的反应融入动力分析中,三维实体模型如图 5.6 所示。

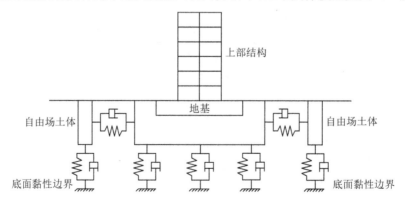

图 5.6 **三维实体模型**

将图 5.6 中的上部结构和地基划分单元,在周围设置黏弹性边界,将地震能量逸散到自由场地,结果如图 5.7 所示。

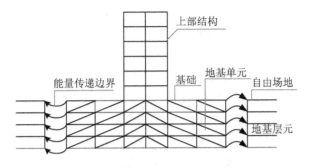

图 5.7　三维实体模型划分计算单元

5.3.3　子结构分析模型

　　该模型以地基与基础的分界面作为分界线,将土体与上部结构分为两部分,对两个子结构分别进行动力反应分析,将边界连续条件作为两个子结构在接触面的衔接纽带,如图 5.8 所示。基于集中质量法,首先将上部结构简化为悬臂结构体系,楼层为集中质量点,通过弹性杆串联为多质点模型。基础假设为无质量刚体,土体按照半空间无限体处理[196],之后利用有限元或边界元等数值方法对上部结构和土体进行离散化处理。

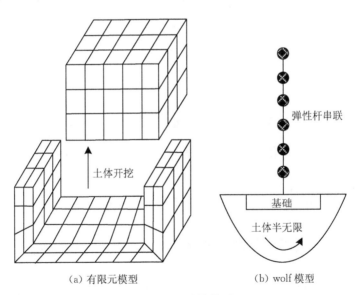

(a) 有限元模型　　　　　　　　(b) wolf 模型

图 5.8　子结构模型

5.3.4　混合模型

根据实际模型的工程特点,选取不同分析模型组合成一个与原结构近似的数学模型,称之为混合模型[196]。以有限元和边界元组合为例:有限元法将连续体在整个求解域上划分为数量不等的单元,单元之间的节点作为传递点与离散点。以单元作为探讨对象,从而忽略微分方程建模,研究未知量在单元内部及在单元节点上的数值关系。而边界元法与有限元法有显著差异,边界元仅在求解域边界上进行离散,因此是基于半解析半数值进行分析求解的,并且可降低一次元,优化自由度数量。但是,边界元法在求解过程中会利用到 Green 函数,输入的数据较多,所以耗时较长。如图 5.9 所示,将研究对象按照近场(上部结构、基础和近场地基土体)与远场(远场地基土体)分为两个子系统,在土-结构相互作用分析中,一般在近场地采用有限元法分析,远场地采用边界元法分析。

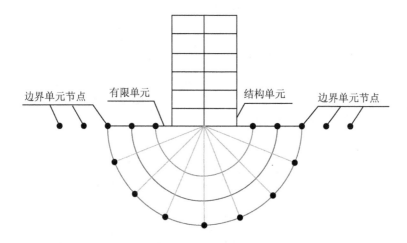

图 5.9　有限元与边界元混合模型

有关土-结构相互作用的动力分析模型类型较多,诸如 Hardin-Dmevihc 模型、Ramberg-Qsgood 模型等,这些分析方法依托于较为理想化的场地条件,常用于对土-结构相互作用的影响因素或基本性质的分析。

5.4　土-结构相互作用对结构的影响

《建筑抗震设计规范》(GB 50011—2010)着重强调场地土层条件对地面运动的影响,未考虑输入给建筑物基底的底层运动是自由场地地面运动,即没有考虑运动相互作用;未考虑基础和上部结构的惯性力反馈作用对地基土体的影响,即没有考虑惯性相互作用。因此,在概念上和定性上应适当地考虑土-结构的相互作用对结构抗震性能的影响。下面以单自由度体系为例,说明土-结构相互作用对结构的影响。

5.4.1 结构体系动力特性影响

将建筑物上部结构假设为单自由度体系,不考虑其阻尼的影响。上部结构质量为 M,上部结构刚度为 K,集中质量点到基础底面的距离为 h,刚性地基体系分析模型如图 5.10 所示。

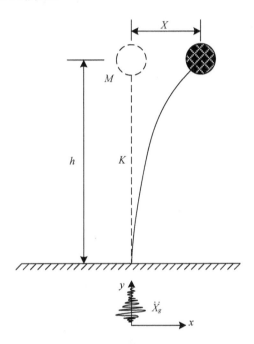

图 5.10 刚性地基体系

基于达朗贝尔动力学原理,建立刚性地基作用体系的动力平衡方程为

$$M\ddot{X} + KX = -M\ddot{X}_g \tag{5.1}$$

对公式(5.1)进行化简可得

$$\ddot{X} + \frac{K}{M}X = -\ddot{X}_g \tag{5.2}$$

根据结构动力学有关知识,可以求得刚性地基作用体系的自振圆频率 ω_1 为

$$\omega_1 = \sqrt{\frac{K}{M}} \tag{5.3}$$

当考虑土-结构相互作用时，K_x 为体系抗平移刚度，K_ϕ 为体系抗转动刚度，在地震动力作用下，结构体系在 t 时刻从 O' 变化到 O 点，如图 5.11 所示。可以将质点 M 体系的运动过程分解为三部分：

（1）基底位移 X_g。

（2）基底的平移 X_x，基底的转动位移 $h\phi$。

（3）上部结构相对变形 X。

作用于刚性地基体系的惯性力：$F = M(\ddot{X} + \ddot{X}_g)$，弹性恢复力 $f = KX$；作用于土-结构相互作用上的惯性力：$F = M(\ddot{X} + \ddot{X}_x + h\ddot{\phi} + \ddot{X}_g)$，弹性恢复力为 $f = KX$。所以，对于土-结构相互作用体系，作用于质点上的惯性力明显不同作用于刚性地基体系上的惯性力。

基于达朗贝尔动力学原理，建立考虑土-结构相互作用体系的动力平衡方程为

$$M\ddot{X} + KX = -M(\ddot{X}_g + \ddot{X}_x + h\ddot{\phi}) \tag{5.4}$$

对基底 O 点分别列出其水平方向和转动方向的力矩平衡方程，如公式（5.5）和公式（5.6）所示。

$$KX - K_x X_x = 0 \tag{5.5}$$

$$KXh\phi - K_\phi \phi = 0 \tag{5.6}$$

依据公式（5.5）和公式（5.6）可解得基底的水平位移 X_x 和基底旋转角 ϕ：

$$\begin{cases} X_x = \dfrac{K}{K_x} X \\[3mm] \phi = \dfrac{K}{K_\phi} h\phi X \end{cases} \tag{5.7}$$

将公式（5.7）代入公式（5.4）中可得

$$M\left(1 + \frac{K}{K_x} + \frac{K}{K_\phi} h^2\right)\ddot{X} + KX = -M\ddot{X}_g \tag{5.8}$$

对公式（5.8）进行化简可得

$$\ddot{X} + \frac{K}{M\left(1 + \dfrac{K}{K_x} + \dfrac{K}{K_\phi} h\phi^2\right)} X = -\frac{1}{\left(1 + \dfrac{K}{K_x} + \dfrac{K}{K_\phi} h\phi^2\right)} \ddot{X}_g \tag{5.9}$$

由公式（5.9）可得土-结构相互作用体系的自振圆频率为

$$\omega_2 = \frac{1}{\sqrt{1+\dfrac{K}{K_x}+\dfrac{K}{K_\phi}h^2}}\sqrt{\frac{K}{M}} \qquad (5.10)$$

取刚性地基体系的圆频率与土-结构相互作用体系的圆频率之比可知

$$\frac{\omega_1}{\omega_2} = \sqrt{1+\frac{K}{K_x}+\frac{K}{K_\phi}h^2} > 1 \qquad (5.11)$$

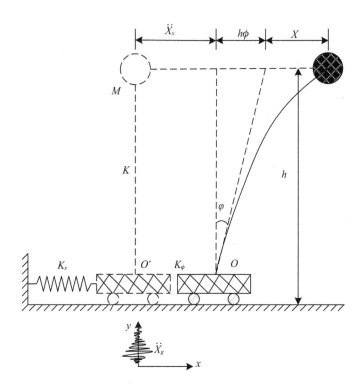

图 5.11　考虑 SSI 效应体系

由公式(5.11)可知，$\omega_2 < \omega_1$，说明考虑土-结构相互作用后，结构的频率变小，结构整体变柔，则自振周期变大。

5.4.2　对结构地震反应的影响

将地震激励运动分解为一系列简谐运动的组合，地面简谐运动使结构体系产生简谐强迫振动，A 为简谐荷载的幅值，ω_g 为简谐荷载的圆频率，取其中一组简谐运动，设地震运动 $\ddot{X}_g$ 为

$$\ddot{X}_g = A\sin(\omega_g t) \qquad (5.12)$$

将公式(5.12)代入到公式(5.1)可得

$$\ddot{X} + \omega_2^2 X = -A\sin(\omega_g t) \tag{5.13}$$

由公式(5.13)可求得刚性地基作用体系的稳态解,即相对位移

$$X = -\frac{A}{\omega_g^2\left[\left(\dfrac{\omega_2}{\omega_g}\right)^2 - 1\right]}\sin(\omega_g t) \tag{5.14}$$

同理,对于土-结构相互作用体系,公式(5.9)可改写为

$$\ddot{X} + \omega_2^2 X = -\frac{A}{1 + \dfrac{K}{K_x} + \dfrac{K}{K_\phi}h^2}\sin(\omega_g t) \tag{5.15}$$

由公式(5.15)可求得刚性地基作用体系的稳态解,即相对位移

$$X = -\frac{A}{1 + \dfrac{K}{K_x} + \dfrac{K}{K_\phi}h^2} \cdot \frac{1}{\omega_g^2\left[\left(\dfrac{\omega_2}{\omega_g}\right)^2 - 1\right]}\sin(\omega_g t) \tag{5.16}$$

若刚性地基作用体系与土-结构相互作用体系的位移之比为 α,则有以下表达式

$$\alpha = \frac{1}{1 + \dfrac{K}{K_x} + \dfrac{K}{K_\phi}h^2} \cdot \frac{\left(\dfrac{\omega_1}{\omega_g}\right)^2 - 1}{\left(\dfrac{\omega_2}{\omega_g}\right)^2 - 1} = \frac{\dfrac{1}{\omega_g^2} - \dfrac{1}{\omega_1^2}}{\dfrac{1}{\omega_g^2} - \dfrac{1}{\omega_2^2}} \tag{5.17}$$

若 $\omega_2 < \omega_1 < \omega_g$,可以推出 $\alpha < 1$,说明考虑土-结构相互作用后,质点顶点位移要大于刚性地基作用体系的顶点位移。

5.4.3 对建筑物地基运动的影响

对建筑结构地基运动的影响,主要表现为对基底运动加速度最大值的影响,因此引入相互作用系数 I,如公式(5.18)所示。

$$I = \frac{|\ddot{X}_{\max,b,f} - \ddot{X}_{\max,b}|}{|\ddot{X}_{\max,b,f}|} \tag{5.18}$$

式中,$\ddot{X}_{\max,b,f}$ 为自由场地分析体系基础底面代表点最大加速度;$\ddot{X}_{\max,b}$ 为土-结构相互作用分析体系相应的基础底面代表点最大加速度。

根据前面的分析可知:$\ddot{X}_{\max,b,f}$ 的大小只与场地土层的质量和刚度分布有

关,上部结构对其没有任何影响。而考虑土-结构相互作用效应后,$\ddot{X}_{\max,b}$ 的大小不仅与场地土层的质量和刚度有关,还与上部结构的质量分布及刚度有着密切联系。可以通过对图 5.11 中的基底代表点 O' 到 O 点的运动轨迹进行分析。

根据图 5.8 可知,基底 O 点的运动加速度可表示为

$$\ddot{X}_b = \ddot{X}_g + \ddot{X}_x \tag{5.19}$$

输入的地震运动为多个简谐荷载运动的组合,任取其中一组简谐荷载,则

$$\ddot{X}_g = A\sin(\omega_g t) \tag{5.20}$$

根据公式(5.7)可得

$$\ddot{X}_x = \frac{K}{K_x}\ddot{X} \tag{5.21}$$

将公式(5.16)代入公式(5.21)中可推导出

$$\ddot{X}_x = \frac{A}{1 + \dfrac{K}{K_x} + \dfrac{K}{K_\phi}h^2} \cdot \frac{K}{K_x} \cdot \frac{1}{\left(\dfrac{\omega_1}{\omega_g}\right)^2 - 1}\sin(\omega_g t) \tag{5.22}$$

将公式(5.20)和公式(5.22)代入公式(5.19)可得

$$\ddot{X}_b = A\left[1 + \frac{1}{1 + \dfrac{K}{K_x} + \dfrac{K}{K_\phi}h^2} \cdot \frac{K}{K_x} \cdot \frac{1}{\left(\dfrac{\omega}{\omega_g}\right)^2 - 1}\right]\sin(\omega_g t) \tag{5.23}$$

公式(5.23)表明:对于土-结构相互作用体系,基底运动最大加速度的影响因素不仅包括地基土体的刚度 K_x 和 K_φ,而且还有影响结构本身自振频率的要素,比如质量分布、结构抗变形能力等。

5.5 考虑土-结构相互作用的建筑物系统运动方程

地震激励从震源传播到地基有效土体作用范围后,经过基础与地基土的接触面作用于上部结构,需对地基-基础、上部结构分别进行简化分析[197-198]。考虑到煤炭开采引起的土体变形及其在地震动力作用下的非线性变化,地基与基础简化为弹簧-阻尼-质量体系,上部结构将质量集中在楼层位置处。地基与基础之间定义接触,增强二者间的协调变形与约束作用,使研究对象的简化模型更接近工程实际,土-结构相互作用体系计算模型如图 5.12 所示。

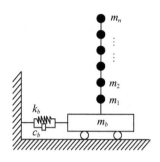

图 5.12　土-结构相互作用体系计算模型

　　受煤矿采动影响,并根据 D'Alembert 原理建立动力平衡方程,建立土-结构相互作用模型在地震作用下的运动方程,如公式(5.24)所示。

$$[M]\ddot{X} + [C]\dot{X} + [K]X = -[M]I\ddot{X}_g - F(t) \tag{5.24}$$

式中,$F(t)$ 为开采沉陷等效应力;$\ddot{X}_g$ 为地震加速度;I 为单位向量;M 为质量矩阵。

　　若楼板所在楼层平面为刚性,采用集中质量法简化结构质量分布,则质量点在楼层平面只做水平运动。结构整体质量矩阵 $[M]$ 与阻尼矩阵 $[C]$ 如公式(5.25)、公式(5.26)所示。

$$[M] = \begin{bmatrix} m_n & & & & \\ & m_{n-1} & & & \\ & & \ddots & & \\ & & & m_1 & \\ & & & & m_b \end{bmatrix} \tag{5.25}$$

$$[C] = \begin{bmatrix} C_n & -C_n & & & \\ -C_n & C_n + C_{n-1} & & & \\ & & \ddots & & \\ & & & C_2 + C_1 & -C_b \\ & & & -C_b & C_1 + C_b \end{bmatrix} \tag{5.26}$$

式中,$m_1 \sim m_n$、m_b 为楼层、基础质量;$C_1 \sim C_n$、C_b 为上部结构、地基阻尼。

　　阻尼对于结构抗震性能的影响有着极其重要的作用,随着地震持时的增加,阻尼很大程度上可以耗散部分地震输入能。关于结构阻尼的产生主要有两个方面:一是从微观力学方面理解,在外力影响下改变材料微观结构的形态,结构产生阻尼;二是从结构宏观方面分析,结构在动力作用下其组成构件之间产生碰撞与摩擦。阻尼对地震能量耗散的重要性不言而喻,混凝土结构阻尼比一般为 0.05,为更好地考虑阻尼对结构动力特性的影响,结合研究对象及有限元软件特点选用 Rayleigh 阻尼。

$$[C] = \alpha[M] + \beta[K] \tag{5.27}$$

式中 α 为质量阻尼系数;β 为刚度阻尼系数.

$$\alpha = \frac{2(\omega_j^2 \omega_i \xi_i - \omega_i^2 \omega_j \xi_j)}{\omega_j^2 - \omega_i^2} \tag{5.28}$$

$$\beta = \frac{2(\omega_j \xi_i - \omega_i \xi_j)}{\omega_j^2 - \omega_i^2} \tag{5.29}$$

式中 i,j 为表示振型的阶数;ξ_i、ω_i 为临界阻尼比和圆频率;ξ_j、ω_j 为临界阻尼比和圆频率。$[K]$ 为刚度矩阵,将其展开。

$$[K] = \begin{bmatrix} K_n & -K_n & & & \\ -K_n & K_n + K_{n-1} & & & \\ & & \ddots & & \\ & & & K_2 + K_1 & -K_b \\ & & & -K_b & K_1 + K_b \end{bmatrix} \tag{5.30}$$

式中,$K_1 \sim K_n$、K_b 为上部结构、地基水平刚度。

5.6 本章小结

针对煤炭开采区会影响地震波的波阻抗,改变地震波的传递特性,在对于采空区边缘地带的工程结构进行抗震性能分析时,有必要在概念上加强对土-结构相互作用的定性分析,本章主要考虑地基土体与上部结构的相互影响,并对刚性地基假设与土-结构相互作用下的结构动力反应进行了分析,研究要点概括如下。

(1)本章基于岩土地震工程与工程振动理论,初步分析了土-结构相互作用的两种机制,分别是运动相互作用机制和惯性相互作用机制。

(2)探讨了土-结构相互作用的几种简化研究模型,分析了土-结构相互作用对结构的自振频率、动力反应与地基运动的影响。

(3)建立了考虑土-结构相互作用的建筑物系统运动方程,在概念上和定性上适当考虑土-结构的相互作用。

6 土-结构相互作用的采动影响下结构抗震性能研究

6.1 引言

目前,土-结构相互作用的复杂性是国内外专家学者研究的热点课题,尤其是在结构抗震设计领域。大量的震害调查研究所取得的成果表明:由于土体的自由场特性、柔性的存在,利用刚性地基假设原理进行结构动力分析所得到的计算结果与考虑土-结构相互作用后,二者存在一定的差异[199-203],刚性地基假设的计算结果并非完全偏于安全。与刚性地基相比,土-结构相互作用对结构的自振周期有很大影响,存在地震响应被放大的可能。以1957年的墨西哥大地震为例,当时建造在软土地基上的大量高层建筑在地震中损害严重,然而周期较短的原始结构震害非常轻,再考虑到采空区地质环境的复杂性和特殊性,以及国家地震动参数区划图的最新调整,地震设防烈度普遍提高,对于采空区边缘地带的建筑结构而言,除了长期遭受采动灾害的影响,还面临地震灾害的威胁。因此,考虑土-对结构相互作用的影响是非常必要的。

6.2 考虑土-结构相互作用的有限元分析参数

6.2.1 土体动力本构模型

结合有限元分析软件 ANSYS/LS-DYNA 的特点,选用适合本研究对象的土体弹塑性动力本构模型为 Drucker-Prager 关系,简称为 D-P 准则,该准则是基于屈服准则 Von-Miser 推导建立的,理论推导过程如下。

$$f = \sqrt{J_2} - \alpha I_1 - K = 0 \qquad (6.1)$$

式中:α 为材料常数;K 为屈服刚度;I_1 与 J_2 分别为应力张量和偏张量,角标分别表示第一、第二不变量。关于 α、K、I_1、J_2 的计算过程如下。

$$\alpha = \frac{2\sin\varphi}{\sqrt{3}(3-\sin\varphi)} \tag{6.2}$$

$$K = \frac{6C\cos\varphi}{\sqrt{3}(3-\sin\varphi)} \tag{6.3}$$

式中：C 与 φ 分别为土体的黏聚力和内摩擦角，是 D-P 准则的前两个参数。

$$I_1 = 3\sigma_m = \sigma_x + \sigma_y + \sigma_m \tag{6.4}$$

$$J_2 = (\tau_{xy}^2 + \tau_{zy}^2 + \tau_{xz}^2) - [(\sigma_x - \sigma_m)(\sigma_y - \sigma_m) + (\sigma_y - \sigma_m)$$
$$(\sigma_z - \sigma_m) + (\sigma_x - \sigma_m)(\sigma_z - \sigma_m)] \tag{6.5}$$

当给定 α 与 K 后，根据图 6.1 所示，D-P 准则主应力空间模型如下。

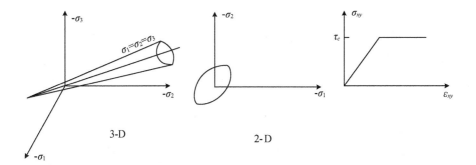

图 6.1　D-P 准则主应力空间模型

若为 2-D 平面应变，有如下弹塑性表达关系式

$$[D]_{ep} = [D]_e + [D]_p \tag{6.6}$$

其中，角标"ep、e、p"分别表示弹塑性、弹性与塑性。

结合流动法则，若 $f = g = \Phi$，即塑性屈服面发展到与塑性势面重合，则 D-P 准则中的塑性矩阵为

$$[D]_p = -\frac{[D]_e \left\{\frac{\partial_g}{\partial_\sigma}\right\} \left\{\frac{\partial_\Phi}{\partial_\sigma}\right\}^T [D]_e}{\left\{\frac{\partial_\Phi}{\partial_\sigma}\right\}^T [D]_e \left\{\frac{\partial_g}{\partial_\sigma}\right\}} \tag{6.7}$$

通过公式(6.1)、公式(6.6)、公式(6.7)可得到 D-P 准则中的弹塑性矩阵为

$$[D]_{ep} = \frac{E}{1+\mu}\begin{bmatrix} \dfrac{1-\mu}{1-2\mu} & \dfrac{\mu}{1-2\mu} & 0 \\[2mm] \dfrac{\mu}{1-2\mu} & \dfrac{\mu}{1-2\mu} & 0 \\[2mm] 0 & 0 & \dfrac{1}{2} \end{bmatrix}\begin{bmatrix} \dfrac{\overline{S}_1{}^2}{\overline{S}} & \dfrac{\overline{S}_1\,\overline{S}_2}{\overline{S}} & \dfrac{\overline{S}_1\,\overline{S}_3}{\overline{S}} \\[3mm] \dfrac{\overline{S}_1\,\overline{S}_2}{\overline{S}} & \dfrac{\overline{S}_2{}^2}{\overline{S}} & \dfrac{\overline{S}_2\,\overline{S}_3}{\overline{S}} \\[3mm] \dfrac{\overline{S}_1\,\overline{S}_3}{\overline{S}} & \dfrac{\overline{S}_2\,\overline{S}_3}{\overline{S}} & \dfrac{\overline{S}_3{}^2}{\overline{S}} \end{bmatrix} \tag{6.8}$$

公式(6.8)中的 $\overline{S}$、$\overline{S}_1$、$\overline{S}_2$、$\overline{S}_3$ 按照下式计算

$$\overline{S} = \overline{S}_1\sigma'_x + \overline{S}_2\sigma'_y + 2\,\overline{S}_3\tau_{xy} + \alpha\,\sqrt{3J_2}(\overline{S}_1 + \overline{S}_2) \tag{6.9}$$

$$\overline{S}_1 = \frac{E}{1+\mu}\left(\frac{1-\mu}{1-2\mu}\sigma'_x + \frac{\mu}{1-2\mu}\sigma'_y + \frac{2}{1-2\mu}\alpha\,\sqrt{J_2}\right) \tag{6.10}$$

$$\overline{S}_2 = \frac{E}{1+\mu}\left(\frac{\mu}{1-2\mu}\sigma'_x + \frac{1-\mu}{1-2\mu}\sigma'_y + \frac{2}{1-2\mu}\alpha\,\sqrt{J_2}\right) \tag{6.11}$$

$$\overline{S}_3 = \frac{E}{1+\mu}\tau_{xy} \tag{6.12}$$

公式(6.9)、公式(6.10)、公式(6.11)、公式(6.12)中的 σ'_x 与 σ'_y 分别表示应力分量，E 为弹性模量，μ 为泊松比，E 和 μ 为 D-P 准则的第三、第四个参数。

$$\sigma'_x = \sigma_x - \sigma_m \tag{6.13}$$

$$\sigma'_y = \sigma_y - \sigma_m \tag{6.14}$$

经过以上理论分析，土体本构关系采用 D-P 准则，必须预先勘察出以上四个参数，外加一个土体密度 ρ。所选矿区的土体由五种土质所构成，每种土质物理属性参数详细列于表 6.1 中。

表6.1　岩土层力学参数

名称	弹模（MPa）	泊松比	强度（MPa）	容重（kN/m³）	厚度（m）	黏聚力（MPa）	摩擦角（°）
砂土	20	0.29	0.5	19.2	1	0.25	30
粉砂岩	2 010	0.184	44.9	26.5	4	1.35	35
泥岩	2 100	0.226	30.5	26.0	2	2.10	28
煤岩	1 800	0.272	11.8	14.0	2	0.65	28
粉砂岩	2 690	0.184	50.3	24.5	2	2.45	35

6.2.2 土体计算范围

土体计算范围的确定是正确建立土-结构相互作用有限元模型重要环节,理论上分析,土体为半无限域,在有限元分析中,若土体的范围选的足够大,数值分析结果精确度越高。不足之处是花费的时间较长,计算成本高,更大的土体计算范围对上部结构的影响不会持续扩大,因此,在满足研究结果需要的同时,如何确定土体有效计算范围是关键点。虽然国内外专家学者对土体计算范围的选择进行了大量研究,由于土质属性差异、地震波频谱特性、距离等众多影响因素,所得的结论差距也较大。为此,本章基于6.2.1小节中的岩土层力学参数,采用试算法确定土体计算范围。

(1) 土体平面尺寸的确定

初步取计算深度为 36 m,选定六种不同的土体平面尺寸,如表 6.2 所示,并在土体四周设置黏-弹性人工边界,土体底部采用固定边界。对六种不同平面尺寸的土体进行模态分析,计算所得模型频率、土体中心点位移峰值的结果如表 6.2 所示。

表 6.2 不同土体平面尺寸计算结果

尺寸\指标	18×18 (m×m)	36×36 (m×m)	54×54 (m×m)	72×72 (m×m)	90×90 (m×m)	108×108 (m×m)
一阶频率(Hz)	0.872 8	0.883 9	0.897 1	0.901 1	0.902 4	0.903 1
二阶频率(Hz)	1.143 5	1.144 8	1.236 5	1.239 9	1.239 9	1.239 9
三阶频率(Hz)	1.247 1	1.626 4	1.845 8	1.849 5	1.951 4	1.952 4
位移峰值(mm)	0.747 9	0.932 6	1.178 7	1.213 5	1.275 5	1.299 0

根据表 6.2 可知,当土体选取范围大于 18 m×18 m 时,土体模型一阶频率相差范围约为 1%;当计算土体范围大于 36 m×36 m 时,三阶频率变化很小,较为稳定;当土体平面尺寸范围大于 54 m×54 m 时,土体中线点位移变化稳定,符合工程上的误差允许。因此,这里选用土体平面尺寸计算范围为 54 m×54 m。

(2) 土体计算深度确定

选取土体计算范围为 54 m×54 m,选定六种不同的土体平面尺寸,如表 6.3 所示,并在土体四周设置黏-弹性人工边界,土体底部采用刚性约束。对六种不同深度的土体进行模态分析,计算所得模型频率、土体中心点位移峰值结果如表 6.3 所示。

表 6.3　不同土体深度计算结果

指标＼深度	18 m	36 m	54 m	72 m	90 m	108 m
一阶频率(Hz)	0.946 3	0.897 1	0.886 9	0.883 4	0.882 1	0.881 6
二阶频率(Hz)	1.294 5	1.236 9	1.224 1	1.218 9	1.215 4	1.214 7
三阶频率(Hz)	1.865 0	1.845 8	1.833 1	1.824 6	1.821 4	1.820 7
位移峰值(mm)	1.177 7	1.162 1	1.149 7	1.122 3	1.118 1	1.116 2

根据表 6.3 可知,当地基土体深度大于 18 m 时,一阶频率变化在 6.1％范围内;当地基土体深度大于 36 m 时,三阶频率变化较小,土体中心点位移趋于稳定,所以取土体计算深度为 36 m。

6.2.3　地基土体与上部结构的连接

建立土-结构相互作用有限元模型时,一是上部结构与地基土体的刚度、材料性质差异较大;二是土体与上部结构的网格尺寸不一致,容易引起接触主面与从面之间接触应力不匹配,可能导致计算不稳定和计算结果不切实际,考虑上部结构与地基土体的接触是至关重要的,即上部结构与土体的衔接关系。在 AN-SYS/LS - DYNA 有限元模拟中,当接触面与目标面能够确定的情况下,优先选择 Surface-surface 接触中的 Normal(STS 或 OSTS)类型,通过接触控制关键字 ＊CONTROL_CONTACT 设置接触算法,调整 PENOPT 选项。此时,再将网格尺寸较大的土体定义为目标面,单元尺寸较小的上部结构底面定义为接触面。

6.2.4　土体边界条件

在地震动力激励下,有界区域边界处的辐射阻尼效应的存在,对土-结构作用机制有着重要影响,如何减弱反射波的干扰是重点研究对象。经过在土体边界处加装阻尼系统,可更多地吸收边界处的反射波,进一步削弱了散射波对计算区域的影响。国外的 Deeks、John Knbmer 和国内的韩厚德、刘晶波等人经过多年的理论研究与试验验证,对人工边界的模拟取得了长足发展。而黏-弹性人工边界便于在 ANSYS/LS - DYNA 中实现,适合本研究的特点。

为使该类人工边界简化力学分析模型实现,需要在有界区域边界处设置连续的弹簧-阻尼单元,通过阻尼单元减弱散射波的能量,而弹簧单元可模拟无限区域土体对计算区域的弹性作用。具体简化过程如图 6.2 所示。

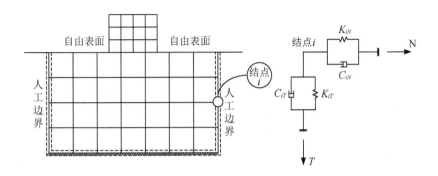

图 6.2 黏-弹性人工边界

ANSYS/LS-DYNA 自带有黏性边界,只需要在边界处的每个单元节点上关联 COMBI165 弹簧单元,便于在模型建立过程中实现。弹簧单元的刚度,关系到无界地基土体对有界区域的弹性作用,因此,如何确定所增设的弹簧刚度系数是重要环节。然而,阻尼系数关系到黏-弹性边界对散射波的削弱效果。为此,刘晶波等[204]基于弹塑性力学与波动方程理论,构建了切向边界与法向边界条件下的弹簧刚度与阻尼系数计算公式:

切向边界 $\quad\quad\quad\quad K_{iT} = \alpha_T \dfrac{G}{R}, C_{iT} = \rho c_s \quad\quad\quad\quad (6.15)$

法向边界 $\quad\quad\quad\quad K_{iN} = \alpha_N \dfrac{G}{R}, C_{iN} = \rho c_p \quad\quad\quad\quad (6.16)$

式中,K_{iT}、K_{iN} 为弹簧刚度系数;C_{iT}、C_{iN} 为阻尼系数;α_T、α_N 为刚度修正系数;c_s、c_p 为远域地基的剪切波速和纵波波速;G 为土体的剪切模量;R 为波源激励点到边界结点的距离;ρ 为地基介质密度。式中下角标 iT 和 iN 分别表示切向和法向。

刘晶波等[204]通过大量试验与有限元模拟,给出了两个修正系数 α_T、α_N 的取值区间,如表 6.4 所示。

表 6.4 α_T 和 α_N 的取值区间

类型	参数	取值范围	推荐值
二维	α_N	0.35~0.65	0.5
	α_T	0.8~1.2	1.0
三维	α_N	0.5~1.0	0.67
	α_T	1.0~2.0	1.33

6.3 煤矿采动影响下结构抗震性能分析

建筑物受地震激励是一个较为复杂的过程,与实际地震作用相比,单项地震作用分析具有一定的局限性,因此,对于采空区边缘地带工程结构,研究其在双向地震作用下的动力响应是非常有必要的。土体和上部结构均为 Solid164 单元,根据 5.3.2 小节中的建立三维实体模型,土体与上部结构采用 6.2.3 小节中的衔接方式进行模拟,结合 6.2.4 小节中的在地基土体四周设置黏-弹性人工边界,土体底面采用固定约束,建立整体有限元模型,如图 6.3 所示。

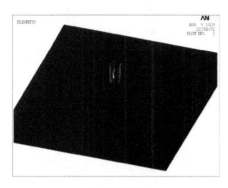 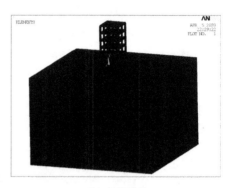

(a) 整体模型　　　　　　　　　　　　　　　(b) 局部模型

图 6.3　有限元分析模型

地震波选用 3.2.2 小节中的三条地震波,输入顺序依然与振动台试验顺序相同,输入形式为 X、Z 双向,由于模型的对称性,水平主方向不进行交替输入,两个方向按照固定比例进行输入,输入比例根据《建筑抗震设计规范》(GB 50011—2010)规定,取 $X:Z=1:0.85$。

6.3.1　模态分析

对于受煤矿采动影响的建筑结构,通过建立土-结构相互作用分析模型,与刚性地基下的混凝土结构进行比较,将各模型的前三阶振型与频率分别列于表 6.5、表 6.6、表 6.7、表 6.8 中。

表 6.5　模型一的前三阶振型与频率

编号	振型	考虑土-结构相互作用	刚性地基
1	X 方向平动	频率 $f=5.021$ Hz	频率 $f=5.050$ Hz
2	Z 方向平动	频率 $f=8.775$ Hz	频率 $f=8.792$ Hz
3	扭转	频率 $f=16.197$ Hz	频率 $f=16.271$ Hz

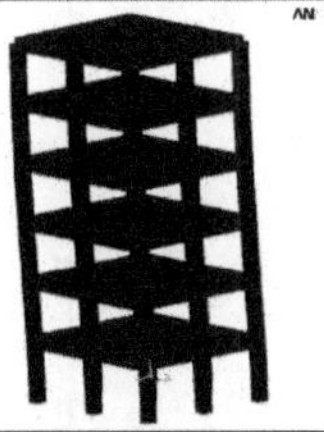

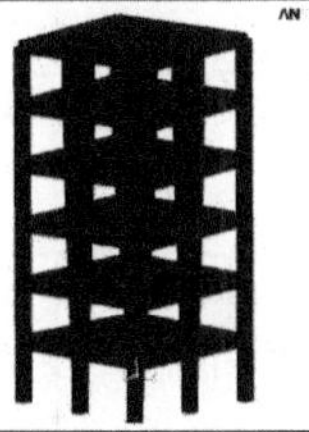

表 6.6　模型二前三阶振型与频率

编号	振型	考虑土-结构相互作用	刚性地基
1	X 方向平动	频率 $f=4.928$ Hz	频率 $f=4.970$ Hz

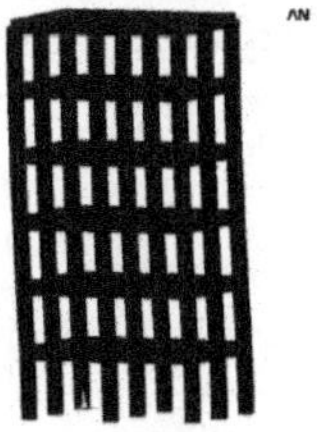

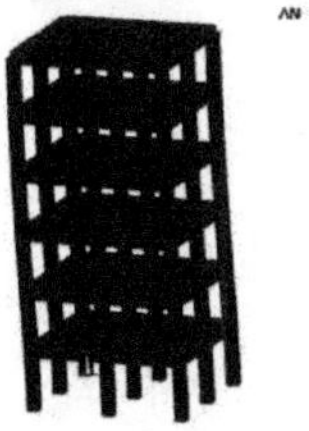

编号	振型	考虑土-结构相互作用	刚性地基
2	Z 方向平动	频率 $f=8.724$ Hz	频率 $f=8.751$ Hz
3	扭转	频率 $f=15.983$ Hz	频率 $f=16.112$ Hz

表 6.7　模型三前三阶振型与频率

编号	振型	考虑土-结构相互作用	刚性地基
1	X 方向平动	频率 $f=4.816$ Hz	频率 $f=4.875$ Hz
2	Z 方向平动	频率 $f=8.647$ Hz	频率 $f=8.684$ Hz

编号	振型	考虑土-结构相互作用	刚性地基
3	扭转	 频率 $f=15.824$ Hz	 频率 $f=15.951$ Hz

表 6.8　模型四前三阶振型与频率

编号	振型	考虑土-结构相互作用	刚性地基
1	X 方向平动	 频率 $f=4.689$ Hz	 频率 $f=4.760$ Hz
2	Z 方向平动	 频率 $f=8.547$ Hz	 频率 $f=8.612$ Hz
3	扭转	 频率 $f=14.649$ Hz	 频率 $f=15.728$ Hz

通过研究建筑结构的自振频率或自振周期变化,可以反映出结构的刚度变化特性,对研究工程结构的抗震稳健性具有重要意义。通常情况下,建筑结构的自振频率降低,即建筑结构的自振周期增大,表明结构的刚度发生折减,结构的稳定性降低;建筑结构的自振频率比较大,即建筑结构的自振周期比较小,表明结构的刚度相对较大,能够增强结构的稳定性。考虑土-结构相互作用后,模型结构的自振频率下降,这是由于土层与结构组成的体系刚度要低于刚性地基,结构整体变柔,表现为自振频率降低,自振周期增大。

6.3.2　加速度响应分析

图 6.4 为在 7 度设防地震 EI-Centro 波激励下,基于刚性地基与考虑土-结构相互作用下的加速度反应谱曲线,并列出四个模型(即四种不均匀沉降)在 X 向与 Z 向的加速度反应最大值,计算每个模型的 X 向比值和 Z 向比值,相关计算结果如表 6.9 所示。

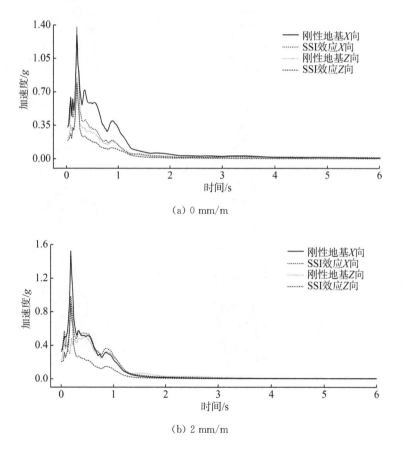

(a) 0 mm/m

(b) 2 mm/m

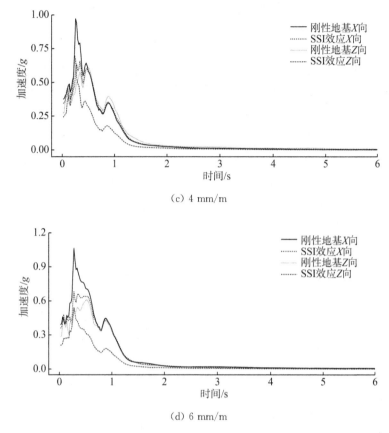

(c) 4 mm/m

(d) 6 mm/m

图 6.4　0.1g 双向 EI-Centro 激励下顶层加速度反应谱曲线

从图 6.4 中可以看出,7 度设防地震作用下各模型顶层加速度变化趋势与输入波较为相似,受采动影响作用越大,顶层加速度越大。X 向与 Z 向的加速度峰值都表现为刚性地基模型大于土－结构相互作用模型,X 向的作用明显强于 Z 向,但考虑土－结构相互作用后,加速度峰值对应的峰值时间稍滞后于刚性地基模型,土层表现出明显的隔震作用。结合表 6.9 可知,考虑土－结构相互作用后,不均匀沉降量为 0 mm/m、2 mm/m、4 mm/m、6 mm/m 时,所对应的 X 向加速度降低幅值分别为 4.50%、4.90%、5.70%、7.30%,所对应的 Z 向加速度降低幅值分别为 10.20%、11.60%、13.10%、18.60%,说明考虑土－结构相互作用后,结构的加速度反应减弱。

表 6.9　0.1g 双向 EI-Centro 激励下顶层最大加速度

沉降值	刚性地基		考虑 SSI 效应		X 向比值	Z 向比值
	X 向	Z 向	X 向	Z 向		
0 mm/m	0.341 0	0.215 1	0.325 7	0.193 2	4.50%	10.20%
2 mm/m	0.344 1	0.231 0	0.327 2	0.204 2	4.90%	11.60%
4 mm/m	0.376 2	0.275 4	0.354 8	0.239 3	5.70%	13.10%
6 mm/m	0.391 0	0.286 1	0.362 5	0.232 9	7.30%	18.60%

图 6.5 为在 8 度设防地震 EI-Centro 波激励下,基于刚性地基与考虑土-结构相互作用下的加速度反应谱曲线,并列出四个模型(即四种不均匀沉降)在 X 向与 Z 向的加速度反应最大值,计算每个模型的 X 向比值和 Z 向比值,相关计算结果如表 6.10 所示。

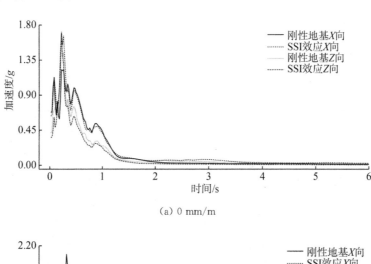

(a) 0 mm/m

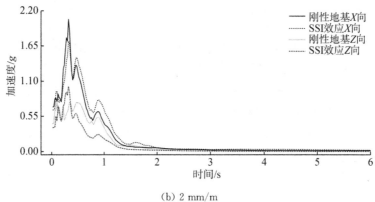

(b) 2 mm/m

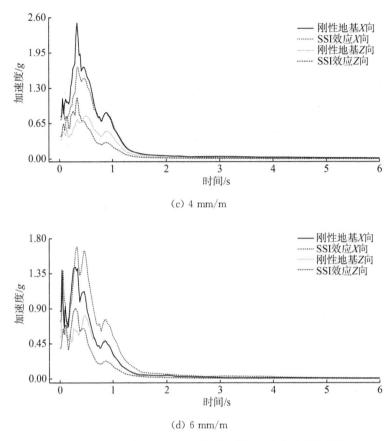

(c) 4 mm/m

(d) 6 mm/m

图 6.5　0.2g 双向 EI-Centro 激励下顶层加速度反应谱曲线

从图 6.5 中可以看出,在 8 度设防地震作用下,各模型顶层加速度变化趋势与输入波较为相似,受采动影响作用越大,顶层加速度越大。X 向与 Z 向的加速度峰值都表现为刚性地基模型大于土-结构相互作用模型,地震作用越强,与 Z 向相比 X 向的作用越强,但考虑土-结构相互作用后,加速度峰值对应的峰值时间稍滞后于刚性地基模型,土层表现出明显的隔震作用。结合表 6.10 可知,考虑土-结构相互作用后,不均匀沉降量为 0 mm/m、2 mm/m、4 mm/m、6 mm/m 时,所对应的 X 向加速度降低幅值分别为 4.70%、5.20%、6.40%、8.20%,所对应的 Z 向加速度降低幅值分别为 12.50%、13.90%、15.90%、21.30%,说明考虑土-结构相互作用后,结构的加速度反应减弱。

表 6.10　0.2g 双向 EI-Centro 激励下顶层最大加速度

沉降值	刚性地基		考虑 SSI 效应		X 向比值	Z 向比值
	X 向	Z 向	X 向	Z 向		
0 mm/m	0.667 4	0.412 0	0.636 0	0.360 5	4.70%	12.50%
2 mm/m	0.685 1	0.431 1	0.649 5	0.371 2	5.20%	13.90%
4 mm/m	0.762 8	0.487 0	0.714 0	0.409 6	6.40%	15.90%
6 mm/m	0.798 4	0.526 1	0.732 9	0.414 0	8.20%	21.30%

　　图 6.6 为在 7 度设防地震 Taft 波激励下,基于刚性地基与考虑土-结构相互作用下的加速度反应谱曲线,并列出四个模型(即四种不均匀沉降)在 X 向与 Z 向的加速度反应最大值,计算每个模型的 X 向比值和 Z 向比值,相关计算结果如表 6.11 所示。

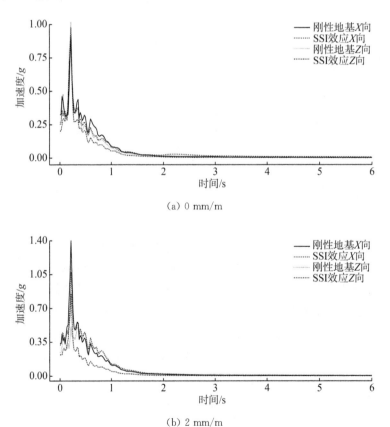

(a) 0 mm/m

(b) 2 mm/m

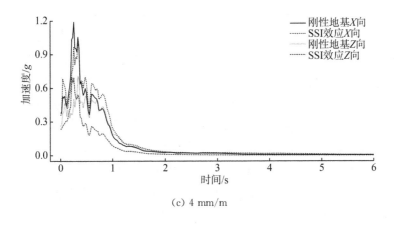

(c) 4 mm/m

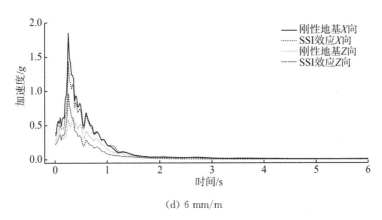

(d) 6 mm/m

图 6.6　0.1g 双向 Taft 激励下顶层加速度反应谱曲线

　　从图 6.6 中可以看出,在 7 度设防地震作用下,各模型顶层加速度变化趋势与输入波较为相似,受采动影响作用越大,顶层加速度越大。X 向与 Z 向的加速度峰值都表现为刚性地基模型大于土-结构相互作用模型,X 向的作用明显强于 Z 向,但考虑土-结构相互作用后,加速度峰值对应的峰值时间稍滞后于刚性地基模型。结合表 6.11 可知,考虑土-结构相互作用后,不均匀沉降量为 0 mm/m、2 mm/m、4 mm/m、6 mm/m 时,所对应的 X 向加速度降低幅值分别为 3.60%、4.40%、5.10%、6.60%,所对应的 Z 向加速度降低幅值分别为 7.50%、9.30%、11.10%、14.80%,说明考虑土-结构相互作用后,结构的加速度反应减弱。

表 6.11 0.1g 双向 Taft 激励下顶层最大加速度

沉降值	刚性地基		考虑 SSI 效应		X 向比值	Z 向比值
	X 向	Z 向	X 向	Z 向		
0 mm/m	0.327 4	0.215 4	0.315 6	0.199 2	3.60%	7.50%
2 mm/m	0.334 1	0.241 8	0.319 4	0.219 3	4.40%	9.30%
4 mm/m	0.378 6	0.264 0	0.359 3	0.234 7	5.10%	11.10%
6 mm/m	0.381 0	0.275 0	0.355 9	0.234 3	6.60%	14.80%

图 6.7 为 8 度设防地震 Taft 波激励下,基于刚性地基与考虑土-结构相互作用下的加速度反应谱曲线,并列出四个模型(即四种不均匀沉降)在 X 向与 Z 向的加速度反应最大值,计算每个模型的 X 向比值和 Z 向比值,相关计算结果如表 6.12 所示。

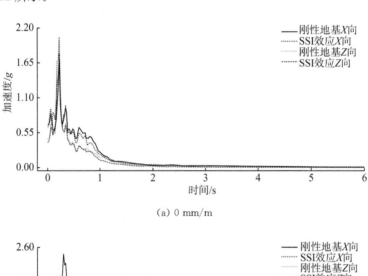

(a) 0 mm/m

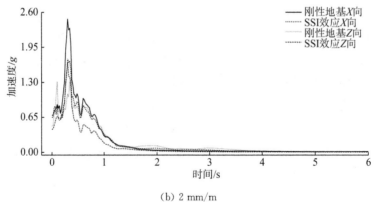

(b) 2 mm/m

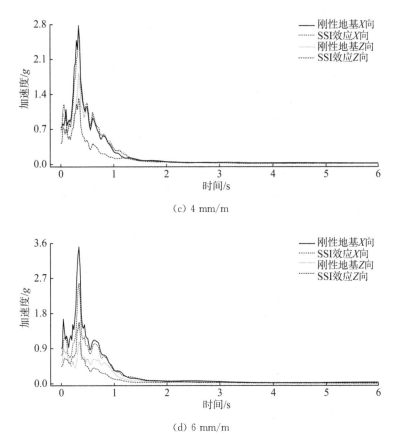

(c) 4 mm/m

(d) 6 mm/m

图 6.7   0.2g 双向 Taft 激励下顶层加速度反应谱曲线

从图 6.7 中可以看出,在 8 度设防地震作用下,各模型顶层加速度变化趋势与输入波较为相似,受采动影响作用越大,顶层加速度越大。X 向与 Z 向的加速度峰值都表现为刚性地基模型大于土-结构相互作用模型,地震作用越强,与 Z 向相比 X 向的作用越强,但考虑土-结构相互作用后,加速度峰值对应的峰值时间稍滞后于刚性地基模型,土层表现出明显的隔震作用。结合表 6.12 可知,考虑土-结构相互作用后,不均匀沉降量为 0 mm/m、2 mm/m、4 mm/m、6 mm/m 时,所对应的 X 向加速度降低幅值分别为 4.10%、5.10%、5.80%、7.90%,所对应的 Z 向加速度降低幅值分别为 8.40%、12.90%、15.10%、18.70%,说明考虑土-结构相互作用后,结构的加速度反应减弱。

表 6.12 0.2g 双向 Taft 激励下顶层最大加速度

沉降值	刚性地基		考虑 SSI 效应		X 向比值	Z 向比值
	X 向	Z 向	X 向	Z 向		
0 mm/m	0.667 4	0.452 0	0.640 0	0.414 0	4.10%	8.40%
2 mm/m	0.672 8	0.487 6	0.638 5	0.424 7	5.10%	12.90%
4 mm/m	0.735 9	0.513 0	0.693 2	0.435 5	5.80%	15.10%
6 mm/m	0.801 4	0.551 0	0.738 1	0.448 0	7.90%	18.70%

图 6.8 为在 7 度设防地震人工波(简称为 RG)激励下,基于刚性地基与考虑土-结构相互作用下的加速度反应谱曲线,并列出四个模型(即四种不均匀沉降)在 X 向与 Z 向的加速度反应最大值,计算每个模型的 X 向比值和 Z 向比值,相关计算结果如表 6.13 所示。

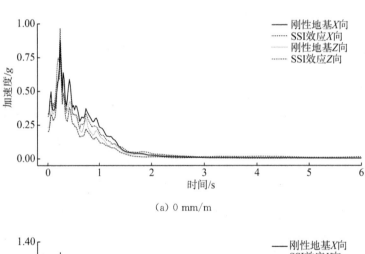

(a) 0 mm/m

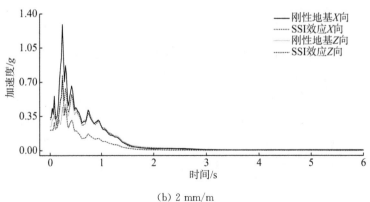

(b) 2 mm/m

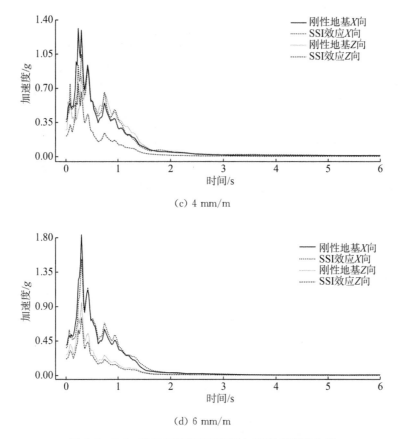

(c) 4 mm/m

(d) 6 mm/m

图 6.8   0.1g 双向 RG 激励下顶层加速度反应谱曲线

从图 6.8 中可以看出,在 7 度设防地震作用下,各模型顶层加速度变化趋势与输入波较为相似,受采动影响作用越大,顶层加速度越大。X 向与 Z 向的加速度峰值都表现为刚性地基模型大于土-结构相互作用模型,X 向的作用明显强于 Z 向,但考虑土-结构相互作用后,加速度峰值对应的峰值时间稍滞后于刚性地基模型,土层表现出明显的隔震作用。结合表 6.13 可知,考虑土-结构相互作用后,不均匀沉降量为 0 mm/m、2 mm/m、4 mm/m、6 mm/m 时,所对应的 X 向加速度降低幅值分别为 4.20%、5.10%、6.20%、7.40%,所对应的 Z 向加速度降低幅值分别为 12.10%、14.50%、18.40%、22.60%,说明考虑土-结构相互作用后,结构的加速度反应减弱。

表 6.13　0.1g 双向 RG 激励下顶层最大加速度

沉降值	刚性地基		考虑 SSI 效应		X 向比值	Z 向比值
	X 向	Z 向	X 向	Z 向		
0 mm/m	0.330 1	0.231 2	0.316 2	0.203 2	4.20%	12.10%
2 mm/m	0.335 4	0.242 5	0.318 3	0.207 3	5.10%	14.50%
4 mm/m	0.381 2	0.274 2	0.357 6	0.223 7	6.20%	18.40%
6 mm/m	0.389 6	0.287 2	0.360 8	0.222 3	7.40%	22.60%

图 6.9 为 8 度设防地震人工波(简称为 RG)激励下,基于刚性地基与考虑土—结构相互作用下的加速度反应谱曲线,并列出四个模型(即四种不均匀沉降)在 X 向与 Z 向的加速度反应最大值,计算每个模型的 X 向比值和 Z 向比值,相关计算结果如表 6.14 所示。

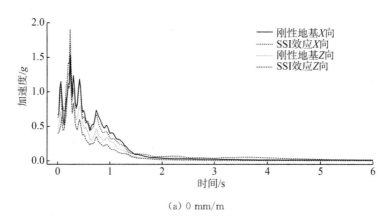

(a) 0 mm/m

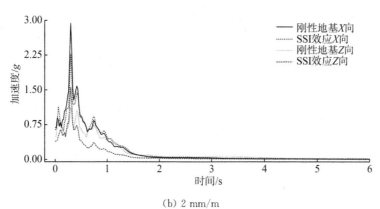

(b) 2 mm/m

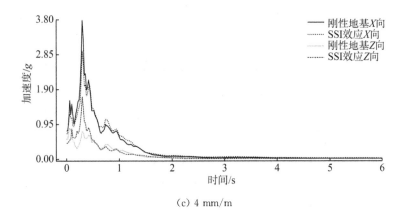

(c) 4 mm/m

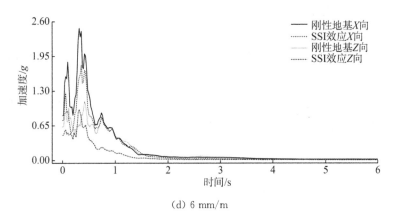

(d) 6 mm/m

图 6.9   0.2g 双向 RG 激励下顶层加速度反应谱曲线

从图 6.9 中可以看出,在 8 度设防地震作用下,各模型顶层加速度变化趋势与输入波较为相似,受采动影响作用越大,顶层加速度越大。X 向与 Z 向的加速度峰值都表现为刚性地基模型大于土-结构相互作用模型,地震作用越强,与 Z 向相比 X 向的作用越强,但考虑土-结构相互作用后,加速度峰值对应的峰值时间稍滞后于刚性地基模型,土层表现出明显的隔震作用。结合表 6.14 可知,考虑土-结构相互作用后,不均匀沉降量为 0 mm/m、2 mm/m、4 mm/m、6 mm/m 时,所对应的 X 向加速度降低幅值分别为 4.50%、5.50%、6.60%、8.10%,所对应的 Z 向加速度降低幅值分别为 13.80%、15.70%、19.60%、24.70%,说明考虑土-结构相互作用后,结构的加速度反应减弱。

表 6.14　0.2g 双向 RG 激励下顶层最大加速度

沉降值	刚性地基		考虑 SSI 效应		X 向比值	Z 向比值
	X 向	Z 向	X 向	Z 向		
0 mm/m	0.665 4	0.464 7	0.635 5	0.400 6	4.50%	13.80%
2 mm/m	0.679 1	0.481 0	0.641 7	0.405 5	5.50%	15.70%
4 mm/m	0.742 5	0.551 3	0.693 5	0.443 2	6.60%	19.60%
6 mm/m	0.812 0	0.624 0	0.746 2	0.469 9	8.10%	24.70%

在刚性地基与考虑土-结构相互作用条件下,对四种不均匀沉降影响下的建筑结构,进行不同设防烈度下的地震激励,可得结构顶层加速度反应。通过对以上加速度时程曲线的分析,可以得到如下主要结论。

(1) 在双向地震激励下,X 向与 Z 向均表现为基于刚性地基假设所得结构顶层加速度反应较为剧烈,其结果明显大于考虑土-结构相互作用的模型。

(2) 随着不均匀沉降量的增大,结构的顶层加速度反应在增大,基于刚性地基假设的楼层加速度增量要大于土-结构相互作用。在刚性地基条件下,地震动力作用输入到结构底部,而考虑土-结构相互作用后,由于土体的滤波和耗能效应,输入到结构底部的地震动力将发生改变。因此,基于刚性地基假设下的结构加速度反应与工程实际存在一定的差异,为提高分析结果的准确性,应当考虑土-结构的相互作用。

(3) 设防烈度由 7 度增加到 8 度,地震作用不断增强,刚性地基假设与考虑土-结构相互作用后的计算结果差异变大,且两种计算条件下均表现为对 X 向的影响明显大于 Z 向,采动损害影响越大,刚性地基假设计算结果越偏于保守,结构的安全储备增加。

(4) 同一模型在相同的采动影响及设防烈度条件下,不同地震波激励,结构的顶点加速度时程曲线峰值对应的时刻存在一定的差异,较所输入的地震波峰值有不同程度的延迟,考虑土-结构相互作用后,这种延迟现象越显著。

6.3.3　顶点位移响应分析

图 6.10 为在 7 度设防地震 EI-Centro 波激励下,基于刚性地基与考虑土-结构相互作用下的结构顶点时程曲线,并列出四个模型(即四种不均匀沉降)在 X 向与 Z 向的位移反应最大值,计算每个模型的 X 向比值和 Z 向比值,相关计算结果如表 6.15 所示。

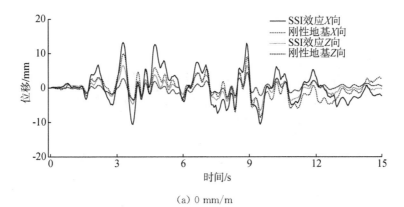

(a) 0 mm/m

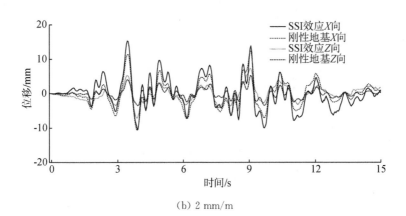

(b) 2 mm/m

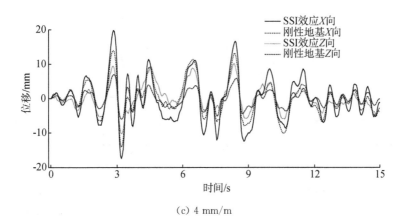

(c) 4 mm/m

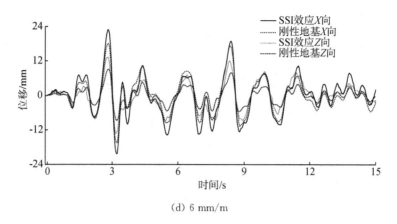

(d) 6 mm/m

图 6.10   0.1g 双向 EI-Centro 激励下顶层位移时程曲线

由分析图 6.10 顶点位移时程变化可知,在 7 度设防地震激励下,考虑土-结构相互作用后的结构顶点位移要大于刚性地基,加速度时程曲线变化较柔,X 向的动力反应要强于 Z 向。由表 6.15 可知,当不均匀沉降量为 0 mm/m、2 mm/m、4 mm/m、6 mm/m 时,考虑土-结构相互作用后,X 向位移峰值要比刚性地基分别增大 16.0%、18.9%、15.0%、20.0%,Z 向位移峰值要比刚性地基分别增大25.3%、26.8%、29.7%、32.6%,煤矿采动对建筑物的影响作用越大,结构顶点位移变化越显著。因此,研究煤矿采动损伤建筑物的抗震性能,非常有必要考虑土-结构相互作用。

表 6.15   0.1g 双向 EI-Centro 激励下顶层最大位移

沉降值	刚性地基		考虑 SSI 效应		X 向比值	Z 向比值
	X 向	Z 向	X 向	Z 向		
0 mm/m	10.2	4.9	12.1	6.6	16.0%	25.3%
2 mm/m	12.5	5.4	15.4	7.4	18.9%	26.8%
4 mm/m	16.3	7.2	19.2	10.2	15.0%	29.7%
6 mm/m	18.0	9.1	22.5	13.5	20.0%	32.6%

图 6.11 为在 8 度设防地震 EI-Centro 波激励下,基于刚性地基与考虑土-结构相互作用下的结构顶点时程曲线,并列出四个模型(即四种不均匀沉降)在 X 向与 Z 向的位移反应最大值,计算每个模型的 X 向比值和 Z 向比值,相关计算结果如表 6.16 所示。

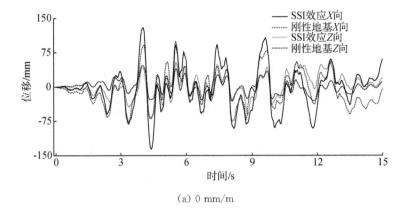

(a) 0 mm/m

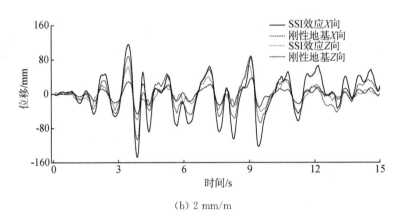

(b) 2 mm/m

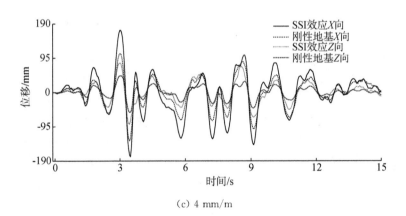

(c) 4 mm/m

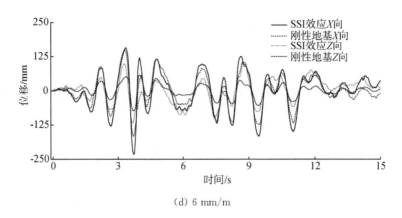

(d) 6 mm/m

图 6.11　0.2g 双向 EI-Centro 激励下顶层位移时程曲线

由分析图 6.11 顶点位移时程变化可知,在 8 度设防地震激励下,考虑土-结构相互作用后的结构顶点位移要大于刚性地基,加速度时程曲线变化较柔,X 向的动力反应要强于 Z 向。由表 6.16 可知,当不均匀沉降量为 0 mm/m、2 mm/m、4 mm/m、6 mm/m 时,考虑土-结构相互作用后,X 向位移峰值要比刚性地基分别增大 19.4%、22.7%、23.5%、26.4%,Z 向位移峰值要比刚性地基分别增大 29.4%、32.8%、35.1%、37.5%,煤矿采动对建筑物的影响作用越大,结构顶点位移变化越显著。因此,研究煤矿采动损伤建筑物的抗震性能,非常有必要考虑土-结构相互作用。

表 6.16　0.2g 双向 EI-Centro 激励下顶层最大位移

沉降值	刚性地基		考虑 SSI 效应		X 向比值	Z 向比值
	X 向	Z 向	X 向	Z 向		
0 mm/m	103.5	47.9	128.4	67.8	19.4%	29.4%
2 mm/m	109.0	47.3	141.0	70.4	22.7%	32.8%
4 mm/m	133.9	55.2	175.0	85.1	23.5%	35.1%
6 mm/m	166.3	72.3	226.0	115.6	26.4%	37.5%

图 6.12 为在 7 度设防地震 Taft 波激励下,基于刚性地基与考虑土-结构相互作用下的结构顶点时程曲线,并列出四个模型(即四种不均匀沉降)在 X 向与 Z 向的位移反应最大值,计算每个模型的 X 向比值和 Z 向比值,相关计算结果如表 6.17 所示。

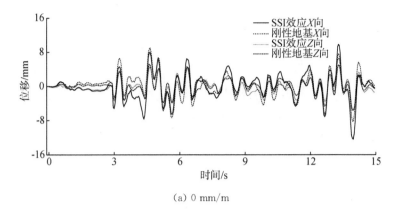

(a) 0 mm/m

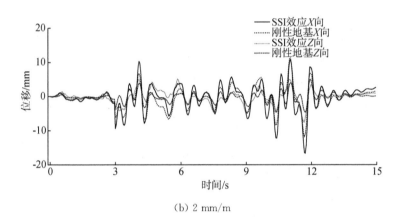

(b) 2 mm/m

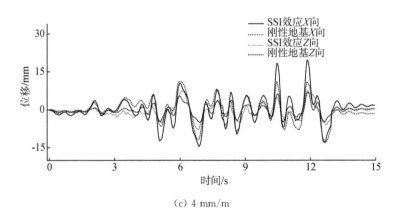

(c) 4 mm/m

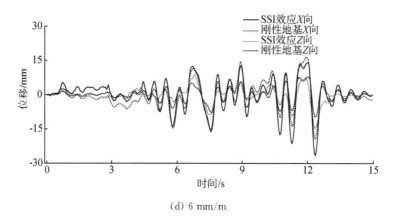

(d) 6 mm/m

图 6.12　0.1g 双向 Taft 激励下顶层位移时程曲线

由分析图 6.12 顶点位移时程变化可知,在 7 度设防地震激励下,考虑土-结构相互作用后的结构顶点位移要大于刚性地基,加速度时程曲线变化较柔,X 向的动力反应要强于 Z 向。由表 6.17 可知,当不均匀沉降量为 0 mm/m、2 mm/m、4 mm/m、6 mm/m 时,考虑土-结构相互作用后,X 向位移峰值要比刚性地基分别增大 18.5%、16.4%、16.4%、19.8%,Z 向位移峰值要比刚性地基分别增大 24.1%、24.1%、30.2%、33.4%,煤矿采动对建筑物的影响作用越大,结构顶点位移变化越显著。因此,研究煤矿采动损伤建筑物的抗震性能,非常有必要考虑土-结构相互作用。

表 6.17　0.1 g 双向 Taft 激励下顶层最大位移

沉降值	刚性地基		考虑 SSI 效应		X 向比值	Z 向比值
	X 向	Z 向	X 向	Z 向		
0 mm/m	9.3	5.2	11.4	6.8	18.5%	24.1%
2 mm/m	13.0	5.7	15.6	7.7	16.4%	24.1%
4 mm/m	15.7	6.9	18.9	9.9	16.4%	30.2%
6 mm/m	20.4	9.9	25.4	14.8	19.8%	33.4%

图 6.13 为在 8 度设防地震 Taft 波激励下,基于刚性地基与考虑土-结构相互作用下的结构顶点时程曲线,并列出四个模型(即四种不均匀沉降)在 X 向与 Z 向的位移反应最大值,计算每个模型的 X 向比值和 Z 向比值,相关计算结果如表 6.18 所示。

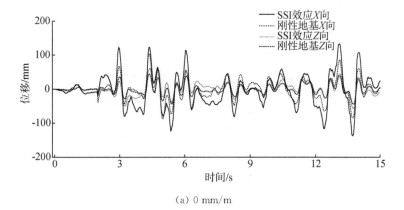

(a) 0 mm/m

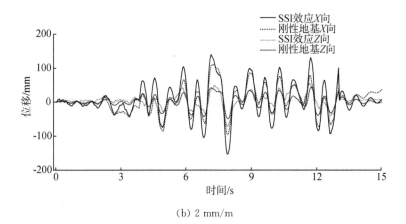

(b) 2 mm/m

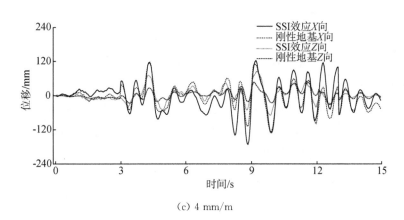

(c) 4 mm/m

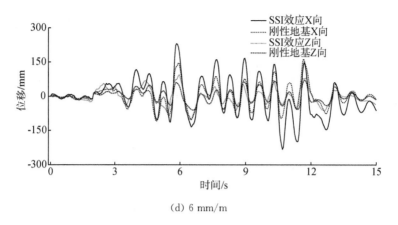

(d) 6 mm/m

图 6.13　0.2*g* 双向 Taft 激励下顶层位移时程曲线

由分析图 6.13 顶点位移时程变化可知,在 7 度设防地震激励下,考虑土-结构相互作用后的结构顶点位移要大于刚性地基,加速度时程曲线变化较柔,*X* 向的动力反应要强于 *Z* 向。由表 6.18 可知,当不均匀沉降量为 0 mm/m、2 mm/m、4 mm/m、6 mm/m 时,考虑土-结构相互作用后,*X* 向位移峰值要比刚性地基分别增大 20.5%、22.7%、23.4%、26.9%,*Z* 向位移峰值要比刚性地基分别增大 28.4%、31.7%、35.6%、38.4%,煤矿采动对建筑物的影响作用越大,结构顶点位移变化越显著。因此,研究煤矿采动损伤建筑物的抗震性能,非常有必要考虑土-结构相互作用。

表 6.18　0.2*g* 双向 Taft 激励下顶层最大位移

沉降值	刚性地基		考虑 SSI 效应		*X* 向比值	*Z* 向比值
	X 向	*Z* 向	*X* 向	*Z* 向		
0 mm/m	105.7	45.0	133.0	62.8	20.5%	28.4%
2 mm/m	116.0	51.5	150.0	75.4	22.7%	31.7%
4 mm/m	130.2	55.6	170.0	86.4	23.4%	35.6%
6 mm/m	166.7	72.3	228.0	117.3	26.9%	38.4%

图 6.14 为在 7 度设防地震人工波(简称为 RG)激励下,基于刚性地基与考虑土-结构相互作用下的结构顶点时程曲线,并列出四个模型(即四种不均匀沉降)在 *X* 向与 *Z* 向的位移反应最大值,计算每个模型的 *X* 向比值和 *Z* 向比值,相关计算结果如表 6.19 所示。

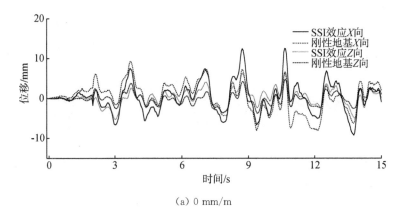

(a) 0 mm/m

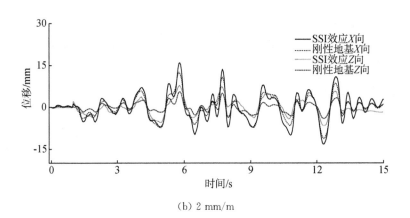

(b) 2 mm/m

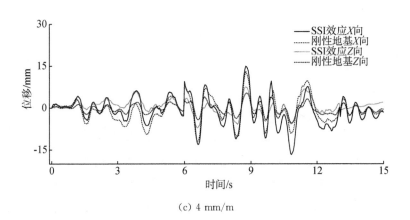

(c) 4 mm/m

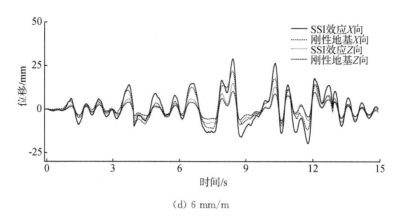

(d) 6 mm/m

图 6.14　0.1g 双向 RG 激励下顶层位移时程曲线

　　由分析图 6.14 顶点位移时程变化可知,在 7 度设防地震激励下,考虑土-结构相互作用后的结构顶点位移要大于刚性地基,加速度时程曲线变化较柔,X 向的动力反应要强于 Z 向。由表 6.19 可知,当不均匀沉降量为 0 mm/m、2 mm/m、4 mm/m、6 mm/m 时,考虑土-结构相互作用后,X 向位移峰值要比刚性地基分别增大 17.3%、18.2%、16.8%、21.3%,Z 向位移峰值要比刚性地基分别增大 23.7%、27.3%、30.8%、31.9%,煤矿采动对建筑物的影响作用越大,结构顶点位移变化越显著。因此,研究煤矿采动损伤建筑物的抗震性能,非常有必要考虑土-结构相互作用。

表 6.19　0.1g 双向 RG 激励下顶层最大位移

沉降值	刚性地基		考虑 SSI 效应		X 向比值	Z 向比值
	X 向	Z 向	X 向	Z 向		
0 mm/m	10.3	5.1	12.4	6.7	17.3%	23.7%
2 mm/m	12.8	5.7	15.7	7.8	18.2%	27.3%
4 mm/m	15.2	7.3	18.3	10.5	16.8%	30.8%
6 mm/m	22.4	10.3	28.5	15.1	21.3%	31.9%

　　图 6.15 为在 7 度设防地震人工波(简称为 RG)激励下,基于刚性地基与考虑土-结构相互作用下的结构顶点时程曲线,并列出四个模型(即四种不均匀沉降)在 X 向与 Z 向的位移反应最大值,计算每个模型的 X 向比值和 Z 向比值,相关计算结果如表 6.20 所示。

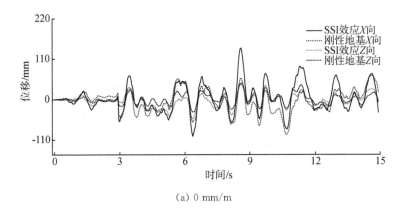

(a) 0 mm/m

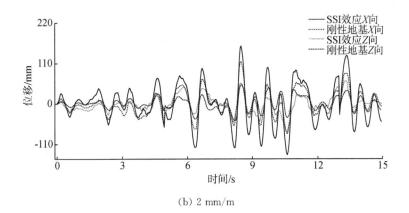

(b) 2 mm/m

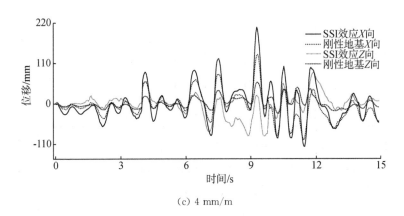

(c) 4 mm/m

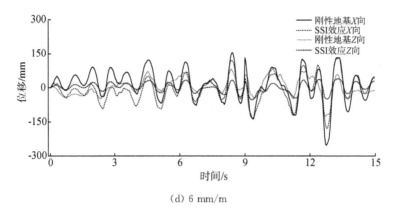

(d) 6 mm/m

图 6.15　0.2g 双向 RG 激励下顶层位移时程曲线

由分析图 6.15 顶点位移时程变化可知,在 7 度设防地震激励下,考虑土-结构相互作用后的结构顶点位移要大于刚性地基,位移时程曲线变化较柔,X 向的动力反应要强于 Z 向。由表 6.20 可知,当不均匀沉降量为 0 mm/m、2 mm/m、4 mm/m、6 mm/m 时,考虑土-结构相互作用后,X 向位移峰值要比刚性地基分别增大 19.6%、21.6%、23.4%、27.9%,Z 向位移峰值要比刚性地基分别增大 28.8%、32.5%、35.6%、34.7%,煤矿采动对建筑物的影响作用越大,结构顶点位移变化越显著。因此,研究煤矿采动损伤建筑物的抗震性能,非常有必要考虑土-结构相互作用。

表 6.20　0.2g 双向 RG 激励下顶层最大位移

沉降值	刚性地基		考虑 SSI 效应		X 向比值	Z 向比值
	X 向	Z 向	X 向	Z 向		
0 mm/m	111.0	49.2	138.0	69.1	19.6%	28.8%
2 mm/m	120.7	52.4	154.0	77.6	21.6%	32.5%
4 mm/m	136.3	57.8	178.0	89.7	23.4%	35.6%
6 mm/m	178.8	82.5	248.0	126.4	27.9%	34.7%

在刚性地基与考虑土-结构相互作用条件下,对四种不均匀沉降影响下的建筑结构,进行不同设防烈度下的地震激励,可得结构顶层位移反应。通过对以上位移时程曲线的分析,可以得到如下主要结论。

(1) 同一条地震波激励下,不均匀沉降量越大,结构的顶点峰值位移越大。与刚性地基假定相比,考虑土-结构相互作用后,结构顶点峰值位移及其对应的时刻发生显著变化,结构的顶层位移反应大于刚性地基模型。

（2）随着地震作用不断增强，土-结构相互作用对结构顶点位移的影响也不断增强，X方向的位移响应要强于Z向。

（3）考虑土-结构相互作用后，采动损害影响越大，地基土体与结构在接触面变形协调而发生的附加力的传递影响程度越大，对于土-结构相互作用模型，这部分力的传递越接近实际，上部结构的附加应力或附加变形越大。

6.3.4 层间变形分析

建筑结构在矿区煤炭开采影响下，发生不均匀沉降，为进一步研究在考虑土-结构相互作用与刚性地基条件下，框架结构在地震作用下的变形侧移特性的不同，分别提取各个模型的最大层间位移角进行分析。

在7度设防地震 EI-Centro 波的双向地震作用下，每个模型分别在X向和Z向上的最大层间位移角如图6.16所示，并将各层层间位移角最大值及在X和Z向上的减少量汇总，见表6.21。

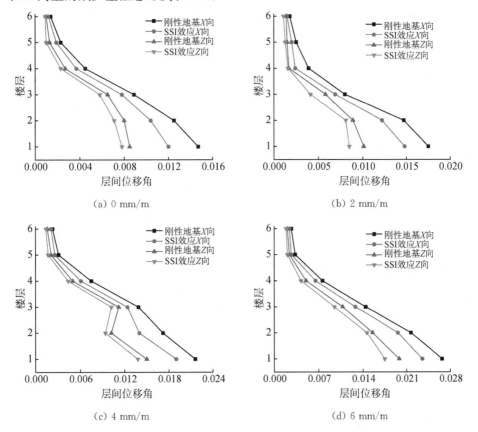

图 6.16　0.1g 双向 EI-Centro 激励下结构层间位移角

根据图 6.16 可知,大变形主要集中在结构底部,当考虑土-结构相互作用后,结构的最大层间位移角普遍比刚性地基要偏小,层间位移角的变化趋势比刚性地基要缓,尤其对于不均匀沉降影响下的结构,这种变化更为显著。结合表 6.21 可知,考虑土-结构相互作用后,首层与二层层间变形与刚性地基差值较大,尤其是首层的层间位移角最大,当不均匀沉降量为 0 mm/m、2 mm/m、4 mm/m、6 mm/m 时,首层 X 向层间变形变化量分别为 18.37%、15.43%、12.04%、11.99%。当采动作用逐渐增强时,二层与三层的层间变形在不断增加,结构的薄弱层在不断向上部楼层发展,其中图 6.16(c)三层发生突变原因可能与结构在采动灾害与地震灾害作用下产生的扭曲变形有关,但未超过规范允许值。考虑土-结构相互作用会对结构的地震作用有一定的影响。

表 6.21　0.1g 双向 EI-Centro 激励下结构层间位移角最大值

沉降值	楼层	刚性地基		考虑 SSI 效应		X 向比值	Z 向比值
		X 向	Z 向	X 向	Z 向		
0 mm/m	6	0.001 4	0.001 0	0.001 2	0.000 9	14.29%	10.00%
	5	0.002 3	0.001 3	0.001 9	0.001 0	17.39%	23.08%
	4	0.004 5	0.002 7	0.003 7	0.002 3	17.78%	14.81%
	3	0.008 9	0.006 5	0.007 8	0.005 8	12.36%	10.77%
	2	0.012 5	0.008 0	0.010 4	0.007 1	16.80%	11.25%
	1	0.014 7	0.008 5	0.012 0	0.007 8	18.37%	8.24%
2 mm/m	6	0.001 8	0.001 4	0.001 5	0.001 1	16.67%	21.43%
	5	0.002 5	0.001 5	0.002 0	0.001 3	20.00%	13.33%
	4	0.003 9	0.001 7	0.002 4	0.001 6	38.46%	5.88%
	3	0.008 0	0.005 8	0.006 9	0.004 1	13.75%	29.31%
	2	0.014 7	0.008 9	0.012 2	0.008 1	17.01%	8.99%
	1	0.017 5	0.010 1	0.014 8	0.008 5	15.43%	15.84%
4 mm/m	6	0.002 3	0.001 6	0.002 1	0.001 4	8.70%	12.50%
	5	0.003 1	0.002 2	0.002 6	0.001 7	16.13%	19.05%
	4	0.007 5	0.005 0	0.006 1	0.004 4	18.67%	12.00%
	3	0.013 9	0.011 2	0.012 4	0.010 2	10.79%	8.93%
	2	0.017 2	0.010 0	0.014 0	0.009 4	18.60%	7.84%
	1	0.021 6	0.015 0	0.019 0	0.013 8	12.04%	8.00%

沉降值	楼层	刚性地基		考虑 SSI 效应		X 向比值	Z 向比值
		X 向	Z 向	X 向	Z 向		
6 mm/m	6	0.002 7	0.002 1	0.002 4	0.001 9	11.11%	9.52%
	5	0.003 3	0.002 4	0.002 7	0.002 1	18.18%	12.50%
	4	0.007 6	0.005 0	0.006 5	0.004 2	14.47%	16.00%
	3	0.014 4	0.010 8	0.012 8	0.009 5	11.11%	12.04%
	2	0.021 7	0.015 5	0.019 6	0.014 6	9.68%	5.81%
	1	0.026 7	0.019 8	0.023 5	0.017 5	11.99%	11.62%

在 8 度设防地震 EI-Centro 波的双向地震作用下,每个模型分别在 X 向和 Z 向上的最大层间位移角如图 6.17 所示,并将各层层间位移角最大值及在 X 向和 Z 向上的减少量汇总,见表 6.22。

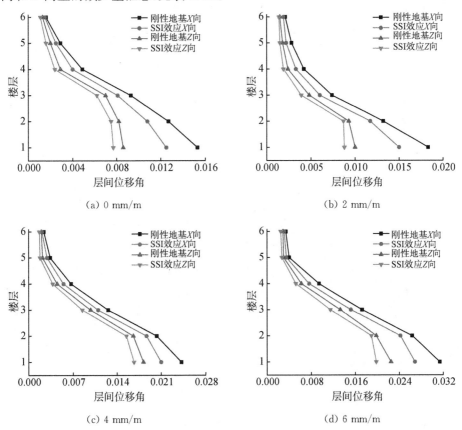

图 6.17　0.2g 双向 EI-Centro 激励下结构层间位移角

根据图 6.17 可知,随着地震作用的增强,结构底部的大变形增大迅速,首层最大,最容易出现塑性铰集中,当考虑土-结构相互作用后,结构的最大层间位移角与刚性地基的差值进一步加大,层间位移角的变化趋势比刚性地基要缓,尤其对于不均匀沉降影响下的结构,这种变化更为显著。结合表 6.22 可知,考虑土-结构相互作用后,首层与二层层间变形与刚性地基差值较大,尤其是首层的层间位移角最大,当不均匀沉降量为 0 mm/m、2 mm/m、4 mm/m、6 mm/m 时,首层 X 向层间变形变化量分别为 18.30%、18.03%、13.22%、14.65%。当采动作用逐渐增强时,二层与三层的层间变形迅速增加,结构的薄弱层在快速向上部楼层发展。考虑土-结构相互作用会影响结构的地震响应,尤其对于煤矿开采区的建筑物,更符合在实际地震中的性能表现。

表 6.22　0.2g 双向 EI-Centro 激励下结构层间位移角最大值

沉降值	楼层	刚性地基		考虑 SSI 效应		X 向比值	Z 向比值
		X 向	Z 向	X 向	Z 向		
0 mm/m	6	0.001 6	0.001 3	0.001 5	0.001 1	6.25%	15.38%
	5	0.002 9	0.002 0	0.002 5	0.001 6	13.79%	20.00%
	4	0.004 9	0.002 9	0.004 0	0.002 4	18.37%	17.24%
	3	0.009 3	0.007 0	0.008 1	0.006 2	12.90%	11.43%
	2	0.012 7	0.008 2	0.010 8	0.007 5	14.96%	8.54%
	1	0.015 3	0.008 6	0.012 5	0.007 7	18.30%	10.47%
2 mm/m	6	0.002 1	0.001 5	0.001 9	0.001 4	9.52%	6.67%
	5	0.002 8	0.001 8	0.002 2	0.001 5	21.43%	16.67%
	4	0.004 2	0.002 4	0.003 3	0.001 9	21.43%	20.83%
	3	0.007 4	0.004 8	0.006 0	0.003 9	18.92%	18.75%
	2	0.013 2	0.009 3	0.011 7	0.008 7	11.36%	6.45%
	1	0.018 3	0.010 0	0.015 0	0.008 8	18.03%	12.00%
4 mm/m	6	0.002 4	0.002 0	0.002 1	0.001 7	12.50%	15.00%
	5	0.003 4	0.002 2	0.002 9	0.001 8	14.71%	18.18%
	4	0.006 7	0.004 5	0.005 5	0.003 8	17.91%	15.56%
	3	0.012 6	0.009 8	0.011 0	0.008 5	12.70%	13.27%
	2	0.020 3	0.016 6	0.018 7	0.015 5	7.88%	6.63%
	1	0.024 2	0.018 2	0.021 0	0.016 7	13.22%	8.24%

沉降值	楼层	刚性地基		考虑 SSI 效应		X 向比值	Z 向比值
		X 向	Z 向	X 向	Z 向		
6 mm/m	6	0.003 4	0.002 9	0.003 1	0.002 5	8.82%	13.79%
	5	0.004 0	0.0030	0.003 5	0.002 7	12.50%	10.00%
	4	0.009 4	0.006 2	0.007 6	0.005 2	19.15%	16.13%
	3	0.017 2	0.013 3	0.015 2	0.0115	11.63%	13.53%
	2	0.026 3	0.019 8	0.024 2	0.018 9	7.98%	4.55%
	1	0.031 4	0.022 5	0.026 8	0.019 8	14.65%	12.00%

在 7 度设防地震 Taft 波的双向地震作用下,每个模型分别在 X 向和 Z 向上的最大层间位移角如图 6.18 所示,并将各层层间位移角最大值及在 X 向和 Z 向上的减少量汇总,见表 6.23。

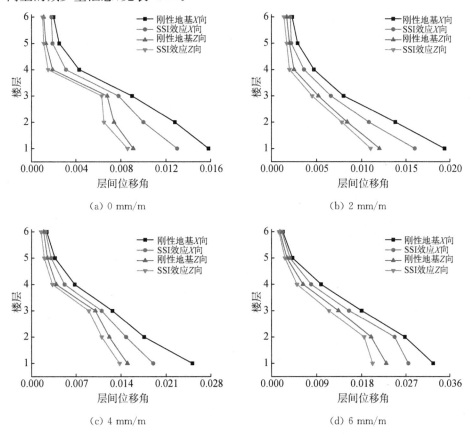

（a）0 mm/m （b）2 mm/m

（c）4 mm/m （d）6 mm/m

图 6.18 0.1g 双向 Taft 激励下结构层间位移角

根据图 6.18 可知,结构层间位移角从底层到上层呈减小的趋势,当考虑土-结构相互作用后,结构的最大层间位移角普遍比刚性地基要小,层间位移角的变化趋势比刚性地基要缓,尤其是对于不均匀沉降影响下的结构,这种变化更为显著。结合表 6.23 可知,考虑土-结构相互作用后,首层与二层层间变形与刚性地基差值较大,尤其是首层的层间位移角最大,当不均匀沉降量为 0 mm/m、2 mm/m、4 mm/m、6 mm/m 时,首层 X 向层间变形变化量分别为 17.72%、17.53%、24.30%、15.64%。当采动作用逐渐增强时,二层与三层的层间变形在不断增加,结构的薄弱层向上部楼层位置发展。考虑土-结构相互作用会对结构的地震响应有较大的影响。

表 6.23 0.1g 双向 Taft 激励下结构层间位移角最大值

沉降值	楼层	刚性地基		考虑 SSI 效应		X 向比值	Z 向比值
		X 向	Z 向	X 向	Z 向		
0 mm/m	6	0.002 0	0.001 1	0.001 8	0.001 0	10.00%	9.09%
	5	0.002 5	0.001 3	0.001 9	0.001 1	24.00%	15.38%
	4	0.004 3	0.001 9	0.003 1	0.001 5	27.91%	21.05%
	3	0.009 0	0.006 8	0.007 8	0.006 3	13.33%	7.35%
	2	0.012 8	0.007 4	0.010 0	0.006 5	21.88%	12.16%
	1	0.015 8	0.009 1	0.013 0	0.008 6	17.72%	5.49%
2 mm/m	6	0.002 3	0.001 7	0.002 1	0.001 4	8.70%	17.65%
	5	0.002 9	0.002 0	0.002 2	0.001 7	24.14%	15.00%
	4	0.004 7	0.002 5	0.003 6	0.002 0	23.40%	20.00%
	3	0.008 0	0.005 2	0.006 6	0.004 5	17.50%	13.46%
	2	0.013 8	0.008 4	0.010 8	0.007 8	21.74%	7.14%
	1	0.019 4	0.012 0	0.016 0	0.011 0	17.53%	8.33%
4 mm/m	6	0.002 4	0.001 9	0.002 2	0.001 5	8.33%	21.05%
	5	0.003 7	0.002 5	0.003 1	0.002 0	16.22%	20.00%
	4	0.006 8	0.003 9	0.005 2	0.003 3	23.53%	15.38%
	3	0.012 7	0.010 0	0.011 0	0.009 0	13.39%	10.00%
	2	0.017 6	0.012 2	0.014 8	0.011 0	15.91%	9.84%
	1	0.025 1	0.015 0	0.019 0	0.013 8	24.30%	8.00%

沉降值	楼层	刚性地基		考虑 SSI 效应		X 向比值	Z 向比值
		X 向	Z 向	X 向	Z 向		
6 mm/m	6	0.002 3	0.001 7	0.002 1	0.001 5	8.70%	11.76%
	5	0.004 2	0.003 1	0.003 7	0.002 7	11.90%	12.90%
	4	0.009 9	0.006 3	0.007 9	0.005 1	20.20%	19.05%
	3	0.018 0	0.013 4	0.015 5	0.011 5	13.89%	14.18%
	2	0.026 8	0.019 9	0.024 7	0.018 5	7.84%	7.04%
	1	0.032 6	0.023 0	0.027 5	0.020 2	15.64%	12.17%

在 8 度设防地震 Taft 波的双向地震作用下，每个模型分别在 X 向和 Z 向上的最大层间位移角如图 6.19 所示，并将各层层间位移角最大值及在 X 向和 Z 向上的减少量汇总，见表 6.24。

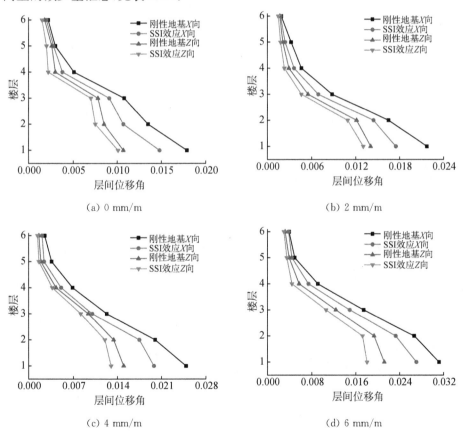

(a) 0 mm/m

(b) 2 mm/m

(c) 4 mm/m

(d) 6 mm/m

图 6.19　0.2g 双向 Taft 激励下结构层间位移角

根据图 6.19 可知,随着地震作用的增强,结构底部的大变形增大迅速,首层最大,最容易出现塑性铰集中,当考虑土-结构相互作用后,结构的最大层间位移角与刚性地基的差值进一步加大,层间位移角的变化趋势比刚性地基要缓,尤其对于不均匀沉降影响下的结构,这种变化更为显著。结合表 6.24 可知,考虑土-结构相互作用后,首层与二层层间变形与刚性地基差值较大,尤其是首层的层间位移角最大,当不均匀沉降量为 0 mm/m、2 mm/m、4 mm/m、6 mm/m 时,首层 X 向层间变形变化量分别为 17.32%、19.35%、20.48%、13.46%。当采动作用逐渐增强时,二层与三层的层间变形迅速增加,结构的薄弱层在快速向上部楼层发展。考虑土-结构相互作用会影响结构的地震响应,尤其对于煤矿开采区的建筑物,更能有效地保证结构的安全性。

表 6.24　0.2g 双向 Taft 激励下结构层间位移角最大值

沉降值	楼层	刚性地基		考虑 SSI 效应		X 向比值	Z 向比值
		X 向	Z 向	X 向	Z 向		
0 mm/m	6	0.002 2	0.001 8	0.002 0	0.001 5	9.09%	16.67%
	5	0.003 0	0.002 6	0.002 8	0.002 0	6.67%	23.08%
	4	0.005 1	0.003 0	0.003 8	0.002 2	25.49%	26.67%
	3	0.010 8	0.007 8	0.009 1	0.007 0	15.74%	10.26%
	2	0.013 5	0.008 5	0.010 7	0.007 5	20.74%	11.76%
	1	0.017 9	0.010 7	0.014 8	0.010 1	17.32%	5.61%
2 mm/m	6	0.001 9	0.001 7	0.001 8	0.001 5	5.26%	11.76%
	5	0.003 2	0.002 1	0.002 4	0.001 8	25.00%	14.29%
	4	0.004 6	0.002 9	0.003 6	0.002 3	21.74%	20.69%
	3	0.008 8	0.005 5	0.006 9	0.004 6	21.59%	16.36%
	2	0.016 5	0.012 1	0.014 4	0.010 9	12.73%	9.92%
	1	0.021 7	0.014 0	0.017 5	0.013 0	19.35%	7.14%
4 mm/m	6	0.002 5	0.001 6	0.002 1	0.001 4	16.00%	12.50%
	5	0.003 6	0.001 9	0.002 4	0.001 6	33.33 %	15.79%
	4	0.006 9	0.004 3	0.005 1	0.003 7	26.09%	13.95%
	3	0.012 3	0.009 4	0.010 0	0.008 2	18.70%	12.77%
	2	0.020 0	0.013 4	0.017 5	0.012 0	12.50%	10.45%
	1	0.024 9	0.015 0	0.019 8	0.013 0	20.48%	13.33%

沉降值	楼层	刚性地基		考虑 SSI 效应		X 向比值	Z 向比值
		X 向	Z 向	X 向	Z 向		
6 mm/m	6	0.003 9	0.003 2	0.003 8	0.003 0	2.56%	6.25%
	5	0.004 9	0.003 9	0.004 4	0.003 5	10.20%	10.26%
	4	0.009 1	0.005 7	0.007 4	0.004 4	18.68%	22.81%
	3	0.017 4	0.012 4	0.014 9	0.010 6	14.37%	14.52%
	2	0.026 6	0.019 3	0.023 3	0.017 2	12.41%	10.88%
	1	0.031 2	0.021 2	0.027 0	0.018 0	13.46%	15.09%

在 7 度设防地震 RG 波的双向地震作用下,每个模型分别在 X 向和 Z 向上的最大层间位移角如图 6.20 所示,并将各层层间位移角最大值及在 X 向和 Z 向上的减少量汇总,见表 6.25。

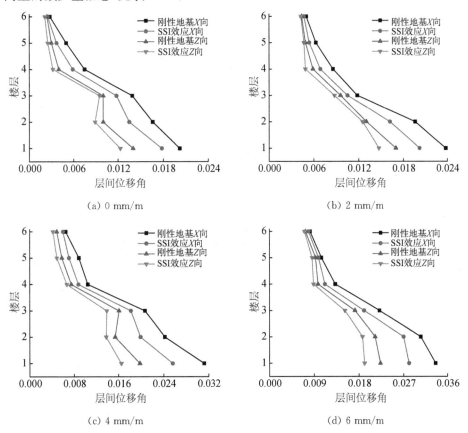

(a) 0 mm/m

(b) 2 mm/m

(c) 4 mm/m

(d) 6 mm/m

图 6.20　0.1g 双向 RG 激励下结构层间位移角

　　根据图 6.20 可知,底部层间位移角明显大于上层,当考虑土-结构相互作用后,结构的最大层间位移角普遍比刚性地基要偏小,层间位移角的变化趋势比刚性地基要缓,尤其对于不均匀沉降影响下的结构,这种变化更为显著。结合表6.25 可知,考虑土-结构相互作用后,首层与二层层间变形与刚性地基差值较大,尤其是首层的层间位移角最大,当不均匀沉降量为 0 mm/m、2 mm/m、4 mm/m、6 mm/m 时,首层 X 向层间变形变化量分别为 11.88%、15.13%、17.95%、16.37%。当采动作用逐渐增强时,二层与三层的层间变形在不断增加,结构的薄弱层在不断向周围楼层发展。考虑土-结构相互作用会对结构的地震响应有较大的影响。

表 6.25　0.1g 双向 RG 激励下结构层间位移角最大值

沉降值	楼层	刚性地基		考虑 SSI 效应		X 向比值	Z 向比值
		X 向	Z 向	X 向	Z 向		
0 mm/m	6	0.002 8	0.002 4	0.002 5	0.002 1	10.71%	12.50%
	5	0.005 0	0.003 0	0.003 7	0.002 5	26.00%	16.67%
	4	0.007 5	0.004 0	0.005 9	0.003 2	21.33%	20.00%
	3	0.013 9	0.010 0	0.011 8	0.009 5	15.11%	5.00%
	2	0.016 2	0.010 0	0.013 5	0.008 9	18.67%	11.00%
	1	0.020 2	0.014 0	0.017 8	0.012 3	11.88%	12.14%
2 mm/m	6	0.005 0	0.004 4	0.004 7	0.004 3	6.00%	2.27%
	5	0.006 3	0.004 4	0.005 4	0.004 7	14.29%	4.08%
	4	0.008 6	0.005 9	0.006 9	0.004 9	19.77%	16.95%
	3	0.011 8	0.009 6	0.010 5	0.008 8	11.02%	8.33%
	2	0.019 6	0.013 0	0.016 2	0.012 5	17.35%	3.85%
	1	0.023 8	0.017 0	0.020 2	0.014 7	15.13%	13.53%
4 mm/m	6	0.006 5	0.004 9	0.006 0	0.004 2	7.69%	14.29%
	5	0.008 9	0.005 8	0.007 1	0.004 9	20.22%	15.52%
	4	0.010 5	0.007 5	0.008 8	0.006 7	16.19%	10.67%
	3	0.020 7	0.016 1	0.018 2	0.013 9	12.08%	13.66%
	2	0.024 2	0.015 4	0.019 9	0.013 8	17.77%	10.39%
	1	0.031 2	0.019 8	0.025 6	0.016 5	17.95%	16.67%

沉降值	楼层	刚性地基		考虑 SSI 效应		X 向比值	Z 向比值
		X 向	Z 向	X 向	Z 向		
6 mm/m	6	0.008 2	0.007 3	0.007 9	0.007 1	3.66%	2.74%
	5	0.010 5	0.009 3	0.009 9	0.008 6	5.71%	7.53%
	4	0.013 3	0.009 8	0.011 2	0.008 9	15.79%	9.18%
	3	0.022 1	0.017 2	0.019 0	0.015 2	14.03%	11.63%
	2	0.030 5	0.021 2	0.027 0	0.018 7	11.48%	11.79%
	1	0.033 6	0.022 3	0.028 1	0.019 1	16.37%	14.35%

在 8 度设防地震 RG 波的双向地震作用下，每个模型分别在 X 方向和 Z 方向上的最大层间位移角如图 6.21 所示，并将各层层间位移角最大值及在 X 和 Z 方向上的减少量汇总，见表 6.26。

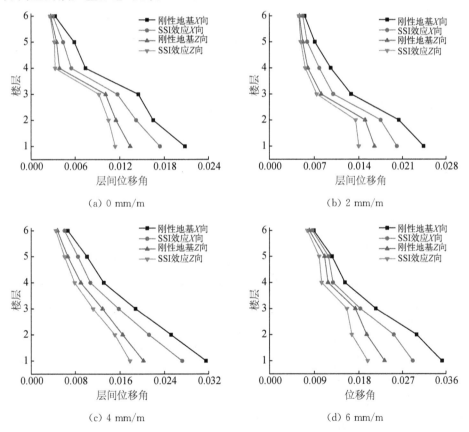

（a）0 mm/m

（b）2 mm/m

（c）4 mm/m

（d）6 mm/m

图 6.21　0.2g 双向 RG 激励下结构层间位移角

根据图 6.21 可知,随着地震峰值的增加,结构底部的层间位移角大幅度增加,首层最大,最容易出现塑性铰集中,当考虑土-结构相互作用后,结构的最大层间位移角与刚性地基的差值进一步加大,层间位移角的变化趋势比刚性地基要缓,尤其对于不均匀沉降影响下的结构,这种变化更为显著。结合表 6.26 可知,考虑土-结构相互作用后,首层与二层层间变形与刚性地基差值较大,尤其是首层的层间位移角最大,当不均匀沉降量为 0 mm/m、2 mm/m、4 mm/m、6 mm/m 时,首层 X 向层间变形变化量分别为 16.35%、17.62%、13.65%、17.33%。当采动作用逐渐增强时,二层与三层的层间变形迅速增加,结构的薄弱层在快速向上部楼层发展。考虑土-结构相互作用会影响结构的地震响应,尤其对于煤矿开采区的建筑物,更能有效地保证结构的安全性。

表 6.26　0.2g 双向 RG 激励下结构最大层间剪力

沉降值	楼层	刚性地基		考虑 SSI 效应		X 向比值	Z 向比值
		X 向	Z 向	X 向	Z 向		
0 mm/m	6	0.003 3	0.002 7	0.003 0	0.002 6	9.09%	3.70%
	5	0.005 9	0.003 5	0.004 4	0.003 2	25.42%	8.57%
	4	0.007 4	0.003 9	0.005 5	0.003 3	25.68%	15.38%
	3	0.014 5	0.010 1	0.011 7	0.009 2	19.31%	8.91%
	2	0.016 5	0.011 5	0.014 2	0.010 5	13.94%	8.70%
	1	0.020 8	0.013 4	0.017 4	0.011 4	16.35%	14.93%
2 mm/m	6	0.005 5	0.004 7	0.005 2	0.004 6	5.45%	2.13%
	5	0.007 1	0.005 2	0.005 9	0.004 9	16.90%	5.77%
	4	0.009 6	0.006 0	0.007 8	0.005 6	18.75%	6.67%
	3	0.012 8	0.008 1	0.010 0	0.007 4	21.88%	8.64%
	2	0.020 4	0.015 0	0.017 5	0.013 5	14.22%	10.00%
	1	0.024 4	0.016 5	0.020 1	0.014 0	17.62%	15.15%
4 mm/m	6	0.006 7	0.004 8	0.006 1	0.004 5	8.96%	6.25%
	5	0.010 1	0.006 7	0.008 5	0.006 1	15.84%	8.96%
	4	0.013 1	0.009 0	0.010 7	0.007 9	18.32%	12.22%
	3	0.018 8	0.012 9	0.015 8	0.011 2	15.96%	13.18%
	2	0.025 2	0.016 5	0.021 2	0.015 1	15.87%	8.48%
	1	0.031 5	0.020 2	0.027 2	0.017 8	13.65%	11.88%

沉降值	楼层	刚性地基		考虑 SSI 效应		X 向比值	Z 向比值
		X 向	Z 向	X 向	Z 向		
6 mm/m	6	0.008 9	0.008 0	0.008 6	0.007 6	3.37%	5.00%
	5	0.012 6	0.011 1	0.011 9	0.010 0	5.56%	9.91%
	4	0.015 2	0.011 8	0.012 8	0.010 5	15.79%	11.02%
	3	0.021 5	0.017 3	0.018 3	0.015 6	14.88%	9.83%
	2	0.029 9	0.019 6	0.025 2	0.016 6	15.72%	15.31%
	1	0.035 2	0.023 3	0.029 1	0.019 8	17.33%	15.02%

在刚性地基与考虑土-结构相互作用条件下，对四种不均匀沉降影响下的建筑结构，进行不同设防烈度下的地震激励，可得结构最大层间位移反应。通过对以上最大层间位移反应的分析，可以得到如下主要结论。

（1）与刚性地基假定计算模型相比，考虑土-结构相互作用后，结构的最大层间位移减小。在不同的地震波作用下，结构的最大层间变形呈现一定的差异。

（2）不均匀沉降量越大，刚性地基模型的结构底层最大层间位移变化越大，结构底层越容易超过现行规范规定的弹塑性层间位移角限值，结构底层越容易出现"强梁弱柱"的不利现象。

（3）随着地震强度不断增大，与土-结构相互作用模型相比，基于刚性地基假设的计算模型，结构的薄弱层向上层发展趋势越早。

（4）土-结构相互作用影响结构的地震作用和地震响应，更符合结构在实际地震中的性能表现，而刚性地基假设偏于保守，安全储备增加。对于采空区边缘地带的工程结构，地质情况较为复杂，考虑土-结构相互作用后，结构会产生一定的侧移，这种侧移在采动与地震联合作用下会加大结构整体的重力二阶效应，严重削弱结构的抗震性能。结合波动理论及采空区地质特点，地震波在工程中传播会受到地基柔性效应、地基阻尼效应、采空区岩层结构等因素的影响，有必要考虑土-结构相互作用，这样更能有效地保证结构的安全性。

6.3.5　结构楼层剪力分析

结构在地震作用下的层间剪力不能直接测得，需将各楼层的最大加速度与其所在楼层的质量相乘，即可得到该楼层的惯性力，楼层层间水平剪力值即为该楼层及其以上各楼层的惯性力之和，计算原理如公式（6.21）所示。

$$V_k(t_i) = \sum_k^n m_k \ddot{x}(t_i) \qquad (6.21)$$

式中:k 为楼层号;m_k 为第 k 层的质量;$\ddot{x}(t_i)$ 为楼层 k 在 t_i 时刻的绝对加速度。

为研究土-结构相互作用对煤矿采动影响下的建筑结构层间剪力地震响应,对不均匀沉降量分别为 0 mm/m、2 mm/m、4 mm/m、6 mm/m 的结构分别进行 7 度与 8 度设防地震激励,图 6.22 为在 7 度设防地震(峰值加速度为 0.1g)双向 EI-Centro 激励下的楼层最大剪力,X 向与 Z 向最大剪力具体数值见表 6.27。

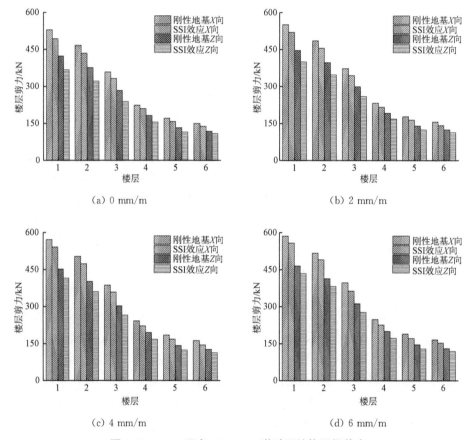

图 6.22 0.1g 双向 EI-Centro 激励下结构层间剪力

根据图 6.22 可知,在地震峰值为 0.1g 的 EI-Centro 波激励下,总体表现为水平层间剪力随楼层位置增加而减小。不均匀沉降量分别为 0 mm/m、2 mm/m、4 mm/m、6 mm/m 的模型,其楼层层间剪力有所差异,与刚性地基相比,考虑土-结构相互作用后,各模型层间剪力呈减小趋势,说明土-结构相互作用对楼层层间剪力响应有一定的影响。

表 6.27　0.1g 双向 EI-Centro 激励下结构最大层间剪力

6

土-结构相互作用的采动影响下结构抗震性能研究

沉降值	楼层	刚性地基		考虑 SSI 效应		X 向比值	Z 向比值
		X 向	Z 向	X 向	Z 向		
0 mm/m	6	150.2	118.4	138.3	109.1	7.86%	12.18%
	5	170.8	132.8	157.5	114.9	7.80%	13.42%
	4	223.6	181.8	209.8	155.3	6.20%	14.56%
	3	358.5	283.3	332.6	238.3	7.20%	15.87%
	2	466.3	376.3	434.1	321.6	6.90%	14.53%
	1	528.7	422.8	492.7	366.8	6.81%	13.24%
2 mm/m	6	156.3	124.9	141.9	113.4	9.21%	13.48%
	5	177.7	140.0	164.1	124.3	7.68%	11.19%
	4	232.7	191.7	216.2	167.8	7.10%	12.51%
	3	373.0	298.8	344.8	259.1	7.58%	13.28%
	2	485.3	396.9	455.1	347.4	6.21%	12.47%
	1	550.2	445.9	519.7	400.2	5.54%	10.24%
4 mm/m	6	162.1	126.6	144.7	113.0	10.71%	14.87%
	5	184.4	141.9	168.0	123.7	8.86%	12.81%
	4	241.4	194.4	221.6	167.8	8.24%	13.69%
	3	387.0	302.8	359.3	264.7	7.15%	12.58%
	2	503.4	402.3	473.5	360.6	5.94%	10.36%
	1	570.8	452.0	541.3	414.8	5.17%	8.24%
6 mm/m	6	166.4	130.2	152.9	119.6	8.13%	13.15%
	5	189.3	146.0	171.2	129.2	9.57%	11.53%
	4	247.9	200.0	225.7	172.1	8.96%	13.97%
	3	397.3	311.6	363.4	276.7	8.54%	11.22%
	2	516.9	413.9	490.2	382.4	5.16%	7.63%
	1	586.0	465.1	558.2	434.5	4.74%	6.57%

将刚性地基与土-结构相互作用进行对比分析,并结合表 6.27 可知,当不均匀沉降量为 0 mm/m 时,X 向剪力折减率分别为 7.86%、7.80%、6.20%、7.20%、6.90%、6.81%,Z 向剪力折减率分别为 12.18%、13.42%、14.56%、

矿区煤炭开采对建筑物抗震性能扰动研究

15.87%、14.53%、13.24%；当不均匀沉降量为 2 mm/m 时，X 向剪力折减率分别为9.21%、7.68%、7.10%、7.58%、6.21%、5.54%，Z 向剪力折减率分别为13.48%、11.19%、12.51%、13.28%、12.47%、10.24%；当不均匀沉降量为 4 mm/m 时，X 向剪力折减率分别为 10.71%、8.86%、8.24%、7.15%、5.94%、5.17%，Z 向剪力折减率分别为 14.87%、12.81%、13.69%、12.58%、10.36%、8.24%；当不均匀沉降量为 6 mm/m 时，X 向剪力折减率分别为 8.13%、9.57%、8.96%、8.54%、5.16%、4.74%，Z 向剪力折减率分别为 13.15%、11.53%、13.97%、11.22%、7.63%、6.57%。Z 向的折减率整体上要大于 X 向，随着不均匀沉降量的不断增大，X 向结构的楼层剪力在不断增大，Z 向的在不断减小，但主要集中在结构底部，首层与二层最为突出，容易导致该楼层的层间变形增大，考虑土-结构相互作用后，X 向承受更多的地震剪力。

在 8 度设防地震（峰值加速度为 0.2g）双向 EI-Centro 激励下的楼层最大剪力如图 6.23 所示，X 向与 Z 向最大剪力具体数值见表 6.28。

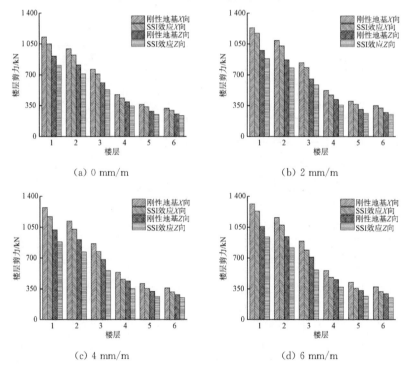

图 6.23　0.2g 双向 EI-Centro 激励下结构层间剪力

分析图 6.23 可知，在地震峰值为 0.2g 的 EI-Centro 波激励下，地震强度增大，各模型楼层水平剪力整体呈增大趋势，考虑土-结构相互作用效应后，结构的楼层剪力要小于刚性地基,说明土-结构相互作用对结构层间剪力的影响不容忽视。

表 6.28　0.2g 双向 EI-Centro 激励下结构最大层间剪力

沉降值	楼层	刚性地基		考虑 SSI 效应		X 向比值	Z 向比值
		X 向	Z 向	X 向	Z 向		
0 mm/m	6	320.0	254.9	296.7	236.3	7.28%	11.86%
	5	363.9	285.8	336.1	248.8	7.64%	12.94%
	4	476.6	391.4	437.5	345.4	8.20%	11.76%
	3	763.8	609.9	708.6	531.4	7.23%	12.87%
	2	993.7	810.2	922.7	708.2	7.14%	12.58%
	1	1126.6	910.3	1048.3	805.9	6.95%	11.47%
2 mm/m	6	350.6	273.4	322.8	251.7	7.94%	9.32%
	5	398.8	306.6	365.6	261.9	8.31%	14.59%
	4	522.2	419.9	472.3	355.9	9.57%	15.23%
	3	837.1	654.2	783.7	585.7	6.37%	10.47%
	2	1 088.9	869.0	1 026.6	778.4	5.72%	10.42%
	1	1 234.6	976.4	1 170.8	883.8	5.17%	9.48%
4 mm/m	6	360.9	285.6	315.4	249.6	12.61%	19.16%
	5	410.5	320.3	354.8	264.5	13.57%	17.43%
	4	537.5	438.6	459.6	353.6	14.51%	19.37%
	3	861.6	683.4	773.1	556.5	10.27%	18.57%
	2	1 120.8	907.8	1025.9	767.5	8.47%	15.46%
	1	1270.8	1020.0	1 169.4	881.1	7.98%	13.62%
6 mm/m	6	373.2	296.4	318.6	253.1	14.63%	15.10%
	5	424.4	332.4	357.3	267.2	15.81%	19.63%
	4	555.8	455.2	481.5	370.7	13.38%	18.57%
	3	890.9	709.0	788.9	564.6	11.45%	20.41%
	2	1 158.9	942.2	1 074.9	817.3	7.25%	13.26%
	1	1 314.0	1 058.7	1 233.3	937.8	6.14%	11.42%

从表 6.28 可以看出,随着设防烈度的提高,水平层间剪力较大的楼层依然为首层和二层。以首层刚性地基假设为分析对象,不均匀沉降量为 0 mm/m、2 mm/m、4 mm/m、6 mm/m 的模型,其 X 方向首层层间最大剪力分别为 1 126.6 kN、1 234.6 kN、1 270.8 kN、1 314.0 kN,比考虑土-结构相互作用分别增加了 6.95%、5.17%、7.98%、6.14%;其 Z 方向首层层间最大剪力分别为 910.3 kN、976.4 kN、1 020.0 kN、1 058.7 kN,比考虑土-结构相互作用分别增加了 11.47%、9.48%、13.62%、11.42%。随着不均匀沉降量的增大,楼层剪力逐渐向下部集中,底层的最大剪力不断向刚性地基接近,而上部结构的剪力值增量在减小,结构底层变形增大,剪力变化更接近实际结构剪力响应,因此对于受采动影响的建筑结构,更应该考虑土-结构相互作用。

在 7 度设防地震(峰值加速度为 0.1g)双向 Taft 激励下的楼层最大剪力如图 6.24 所示,X 向与 Z 向最大剪力具体数值见表 6.29。

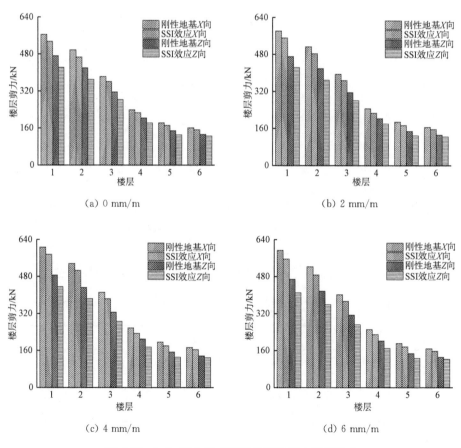

(a) 0 mm/m

(b) 2 mm/m

(c) 4 mm/m

(d) 6 mm/m

图 6.24　0.1g 双向 Taft 激励下结构最大层间剪力

根据图 6.24 可知,在地震峰值为 0.1g 的 Taft 波激励下,总体表现为水平层间剪力随楼层位置增加而减小。不均匀沉降量分别为 0 mm/m、2 mm/m、4 mm/m、6 mm/m 的模型,其各楼层层间剪力峰值略大于 0.1 g 时的 EI-Centro 地震激励,楼层累积变形在不断增加。与刚性地基相比,考虑土-结构相互作用后,各模型层间剪力呈减小趋势,说明土-结构相互作用对楼层层间剪力响应有一定的影响。

结合表 6.29 可知,刚性地基与土-结构相互作用对比分析,当不均匀沉降量为 0 mm/m 时,X 向剪力折减率分别为 4.98%、6.01%、5.21%、5.72%、6.34%、5.24%,Z 向剪力折减率分别为 9.57%、12.16%、10.35%、10.27%、11.86%、10.58%;当不均匀沉降量为 2 mm/m 时,X 向剪力折减率分别为 5.74%、7.86%、8.14%、6.84%、5.87%、5.14%,Z 向剪力折减率分别为 9.81%、12.86%、11.24%、10.98%、11.85%、9.89%;当不均匀沉降量为 4 mm/m 时,X 向剪力折减率分别为 6.51%、7.98%、8.67%、7.10%、6.89%、6.25%,Z 向剪力折减率分别为 12.10%、13.94%、15.84%、13.57%、13.96%、12.41%;当不均匀沉降量为 6 mm/m 时,X 向剪力折减率分别为 5.27%、8.31%、9.24%、6.84%、5.61%、5.28%,Z 向剪力折减率分别为 11.27%、14.29%、16.54%、12.39%、11.17%、10.25%。Z 向的折减率整体上要大于 X 向,随着不均匀沉降量的不断增大,X 向结构的楼层剪力在不断增大,Z 向在不断减小,但主要集中在结构底部,首层与二层最为突出,容易导致该楼层的层间变形增大,考虑土-结构相互作用后,X 向承受更多的地震剪力。

表 6.29 0.1g 双向 Taft 激励下结构最大层间剪力

沉降值	楼层	刚性地基		考虑 SSI 效应		X 向比值	Z 向比值
		X 向	Z 向	X 向	Z 向		
0 mm/m	6	160.3	132.0	152.3	125.4	4.98%	9.57%
	5	182.3	148.1	171.3	130.0	6.01%	12.16%
	4	238.7	202.7	226.3	181.8	5.21%	10.35%
	3	382.6	315.9	360.7	283.5	5.72%	10.27%
	2	497.7	419.6	466.2	369.9	6.34%	11.86%
	1	564.3	471.5	534.7	421.6	5.24%	10.58%

沉降值	楼层	刚性地基		考虑 SSI 效应		X 向比值	Z 向比值
		X 向	Z 向	X 向	Z 向		
2 mm/m	6	165.1	131.6	155.6	124.0	5.74%	9.81%
	5	187.7	147.6	173.0	128.6	7.86%	12.86%
	4	245.8	202.1	225.8	179.4	8.14%	11.24%
	3	394.1	314.9	367.1	280.3	6.84%	10.98%
	2	512.6	418.3	482.5	368.7	5.87%	11.85%
	1	581.2	470.0	551.3	423.5	5.14%	9.89%
4 mm/m	6	168.3	131.2	157.4	122.7	6.51%	12.10%
	5	191.4	147.1	176.2	126.6	7.98%	13.94%
	4	250.7	201.5	229.0	169.6	8.67%	15.84%
	3	401.9	314.0	373.3	271.4	7.10%	13.57%
	2	522.8	417.1	486.7	358.8	6.89%	13.96%
	1	592.7	468.6	555.7	410.4	6.25%	12.41%
6 mm/m	6	172.5	136.0	163.4	128.8	5.27%	11.27%
	5	196.2	152.5	179.9	130.7	8.31%	14.29%
	4	256.9	208.8	233.2	174.3	9.24%	16.54%
	3	411.7	325.4	383.6	285.0	6.84%	12.39%
	2	535.6	432.2	505.6	383.9	5.61%	11.17%
	1	607.3	485.6	575.2	435.8	5.28%	10.25%

在 8 度设防地震（峰值加速度为 0.2g）双向 Taft 激励下的楼层最大剪力如图 6.25 所示，X 向与 Z 向最大剪力具体数值见表 6.30。

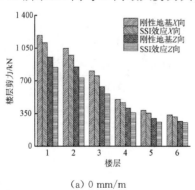

(a) 0 mm/m

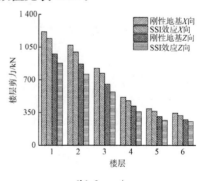

(b) 2 mm/m

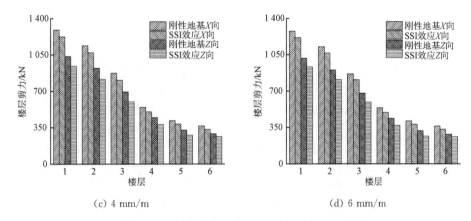

(c) 4 mm/m　　　　　　　　(d) 6 mm/m

图 6.25　0.2g 双向 Taft 激励下结构最大层间剪力

由分析图 6.25 可知,在地震峰值为 0.2g 的 Taft 波激励下,地震强度增大,各模型楼层水平剪力整体呈增大趋势,考虑土-结构相互作用效应后,结构的楼层剪力要小于刚性地基,说明土-结构相互作用对结构层间剪力的影响不容忽视。

表 6.30　0.2g 双向 Taft 激励下结构最大层间剪力

沉降值	楼层	刚性地基		考虑 SSI 效应		X 向比值	Z 向比值
		X 向	Z 向	X 向	Z 向		
0 mm/m	6	336.9	266.2	316.3	249.9	6.12%	13.05%
	5	383.2	298.6	355.3	257.1	7.28%	13.87%
	4	501.8	408.8	467.4	357.2	6.87%	12.63%
	3	804.4	637.0	751.5	557.9	6.58%	12.42%
	2	1 046.4	846.2	970.6	731.2	7.24%	13.59%
	1	1 186.4	950.8	1 106.3	840.8	6.75%	11.57%
2 mm/m	6	344.9	273.2	320.2	253.7	7.14%	14.28%
	5	392.2	306.3	365.4	266.2	6.84%	13.10%
	4	513.6	419.5	476.5	358.4	7.24%	14.56%
	3	823.3	653.7	769.2	569.7	6.57%	12.84%
	2	1 071.0	868.3	996.5	758.3	6.96%	12.67%
	1	1 214.3	975.6	1 142.4	875.7	5.92%	10.24%

沉降值	楼层	刚性地基		考虑 SSI 效应		X 向比值	Z 向比值
		X 向	Z 向	X 向	Z 向		
4 mm/m	6	366.2	289.8	332.6	263.3	9.16%	16.36%
	5	416.5	325.0	383.8	275.4	7.85%	15.27%
	4	545.4	445.1	502.2	379.6	7.93%	14.71%
	3	874.2	693.5	805.7	597.3	7.84%	13.86%
	2	1 137.3	921.2	1 068.9	815.5	6.01%	11.47%
	1	1 289.4	1 035.0	1 223.1	939.4	5.14%	9.24%
6 mm/m	6	362.3	283.9	332.3	260.4	8.28%	14.29%
	5	412.0	318.4	379.3	266.2	7.94%	16.38%
	4	539.6	436.0	495.0	367.7	8.26%	15.67%
	3	864.9	679.4	809.4	593.5	6.41%	12.64%
	2	1 125.1	902.5	1 064.1	808.6	5.42%	10.40%
	1	1 275.6	1 014.0	1 214.4	930.9	4.80%	8.20%

从表 6.30 可以看出，随着设防烈度的提高，水平层间剪力较大的楼层依然为首层和二层，以首层刚性地基假设为分析对象，不均匀沉降量为 0 mm/m、2 mm/m、4 mm/m、6 mm/m 的模型，其 X 方向首层层间最大剪力分别为 1 186.4 kN、1 214.3 kN、1 289.4 kN、1 275.6 kN，比考虑土-结构相互作用分别增加了 6.75%、5.92%、5.14%、4.80%；其 Z 方向首层层间最大剪力分别为 950.8 kN、975.6 kN、1 035.0 kN、1 014.0 kN，比考虑土-结构相互作用分别增加了 11.57%、10.24%、9.24%、8.20%。随着不均匀沉降量的增大，楼层剪力逐渐向下部集中，底层的最大剪力不断向刚性地基接近，而上部结构的剪力值增量在减小，结构底层变形增大，剪力变化更接近实际结构剪力响应，因此对于受采动影响的建筑结构，更应该考虑土-结构相互作用。

在 7 度设防地震（峰值加速度为 0.1g）双向 RG 激励下的楼层最大剪力如图 6.26 所示，X 向与 Z 向最大剪力具体数值见表 6.31。

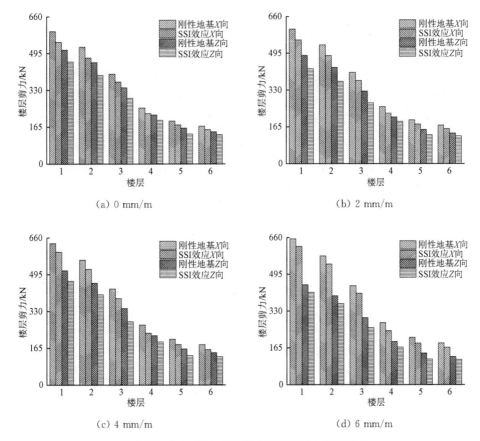

图 6.26　0.1g 双向 RG 激励下结构最大层间剪力

根据图 6.26 可知,在地震峰值为 0.1g 的 RG 波激励下,总体表现为水平层间剪力随楼层位置的增加而减小。不均匀沉降量分别为 0 mm/m、2 mm/m、4 mm/m、6 mm/m 的模型,其楼层层间剪力有所差异,与刚性地基相比,考虑土—结构相互作用后,各模型层间剪力呈减小趋势,说明土—结构相互作用对楼层层间剪力响应有一定的影响。

结合表 6.31 可知,刚性地基与土—结构相互作用对比分析,当不均匀沉降量为 0 mm/m 时,X 向剪力折减率分别为 8.98%、9.01%、10.10%、8.72%、9.34%、8.21%,Z 向剪力折减率分别为 16.85%、16.28%、10.98%、13.62%、12.57%、10.34%;当不均匀沉降量为 2 mm/m 时,X 向剪力折减率分别为 8.87%、9.48%、11.41%、8.95%、9.15%、8.04%,Z 向剪力折减率分别为 15.10%、15.23%、9.47%、16.34%、14.51%、12.24%;当不均匀沉降量为 4 mm/m时,X 向剪力折减率分别为 12.39%、11.67%、13.58%、9.83%、

7.25%、6.21%，Z 向剪力折减率分别为 19.34%、18.61%、12.62%、17.58%、11.25%、9.18%；当不均匀沉降量为 6 mm/m 时，X 向剪力折减率分别为 10.27%、12.39%、12.87%、7.68%、6.37%、5.16%，Z 向剪力折减率分别为 21.94%、19.37%、12.97%、15.13%、8.94%、7.49%。Z 向的折减率整体上要大于 X 向，随着不均匀沉降量的不断增大，X 向结构的楼层剪力在不断增大，Z 向的在不断减小，但主要集中在结构底部，首层与二层最为突出，容易导致该楼层的层间变形增大，考虑土-结构相互作用后，X 向承受更多的地震剪力。

表 6.31　0.1g 双向 RG 激励下结构最大层间剪力

沉降值	楼层	刚性地基		考虑 SSI 效应		X 向比值	Z 向比值
		X 向	Z 向	X 向	Z 向		
0 mm/m	6	168.7	142.9	153.5	130.0	8.98%	16.85%
	5	191.9	160.2	174.6	134.1	9.01%	16.28%
	4	251.3	219.4	225.9	195.3	10.10%	10.98%
	3	402.7	341.8	367.6	295.3	8.72%	13.62%
	2	523.9	454.1	475.0	397.0	9.34%	12.57%
	1	594.0	510.2	545.2	457.4	8.21%	10.34%
2 mm/m	6	171.6	135.8	156.4	123.8	8.87%	15.10%
	5	195.2	152.3	176.7	129.1	9.48%	15.23%
	4	255.6	208.6	226.4	188.8	11.41%	9.47%
	3	409.6	325.0	373.0	271.9	8.95%	16.34%
	2	532.9	431.7	484.1	369.0	9.15%	14.51%
	1	604.2	485.0	555.6	425.6	8.04%	12.24%
4 mm/m	6	180.3	143.6	157.9	125.8	12.39%	19.34%
	5	205.0	161.0	181.1	131.0	11.67%	18.61%
	4	268.5	220.5	232.1	192.6	13.58%	12.62%
	3	430.4	343.5	388.1	283.1	9.83%	17.58%
	2	559.9	456.3	519.3	405.0	7.25%	11.25%
	1	634.8	512.7	595.4	465.6	6.21%	9.18%

沉降值	楼层	刚性地基		考虑 SSI 效应		X 向比值	Z 向比值
		X 向	Z 向	X 向	Z 向		
6 mm/m	6	185.9	125.4	166.8	112.6	10.27%	21.94%
	5	211.4	140.7	185.2	113.4	12.39%	19.37%
	4	276.9	192.6	241.3	167.7	12.87%	12.97%
	3	443.8	300.2	409.7	254.7	7.68%	15.13%
	2	577.4	398.7	540.6	363.1	6.37%	8.94%
	1	654.6	448.0	620.8	414.4	5.16%	7.49%

在 8 度设防地震(峰值加速度为 0.2g)双向 RG 激励下的楼层最大剪力如图 6.27 所示,X 向与 Z 向最大剪力具体数值见表 6.32。

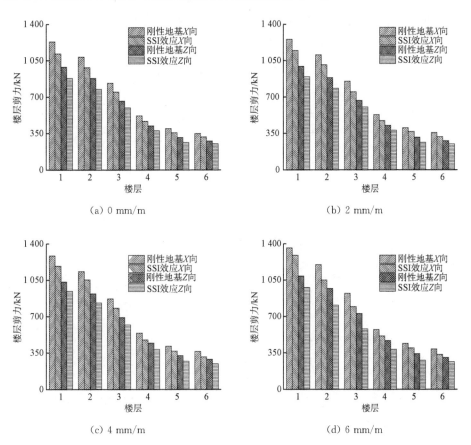

(a) 0 mm/m

(b) 2 mm/m

(c) 4 mm/m

(d) 6 mm/m

图 6.27　0.2g 双向 RG 激励下结构最大层间剪力

由分析图 6.27 可知,在地震峰值为 0.2g 的 RG 波激励下,地震强度增大,各模型楼层水平剪力整体呈增大趋势,考虑土-结构相互作用效应后,结构的楼层剪力要小于刚性地基,说明土-结构相互作用对结构层间剪力的影响不容忽视。

从表 6.32 可以看出,随着设防烈度的提高,水平层间剪力较大的楼层依然为首层和二层,以首层刚性地基假设为分析对象,不均匀沉降量为 0 mm/m、2 mm/m、4 mm/m、6 mm/m 的模型,其 X 方向首层层间最大剪力分别为 1 231.8 kN、1 254.2 kN、1 284.5 kN、1 358.9 kN,比考虑土-结构相互作用分别增加了 9.35%、8.51%、7.84%、5.17%;其 Z 方向首层层间最大剪力分别为 988.3 kN、994.5 kN、1 032.4 kN、1 088.0 kN,比考虑土-结构相互作用分别增加了 10.96%、10.12%、8.67%、10.26%。随着不均匀沉降量的增大,楼层剪力逐渐向下部集中,底层的最大剪力不断与刚性地基接近,而上部结构的剪力值增量在减小,结构底层变形增大,剪力变化更接近实际结构剪力响应,因此对于受采动影响的建筑结构,更应该考虑土-结构相互作用。

表 6.32　0.2g 双向 RG 激励下结构最大层间剪力

沉降值	楼层	刚性地基		考虑 SSI 效应		X 向比值	Z 向比值
		X 向	Z 向	X 向	Z 向		
0 mm/m	6	349.8	276.7	317.5	251.1	9.25%	15.39%
	5	397.9	310.3	357.0	262.9	10.28%	15.27%
	4	521.1	425.0	469.6	377.2	9.87%	11.24%
	3	835.2	662.2	749.6	596.9	10.24%	9.86%
	2	1 086.4	879.6	982.5	775.4	9.57%	11.85%
	1	1231.8	988.3	1 116.6	880.0	9.35%	10.96%
2 mm/m	6	356.2	278.5	316.2	247.2	11.24%	16.31%
	5	405.1	312.3	367.9	262.5	9.27%	15.95%
	4	530.5	427.6	473.9	381.2	10.68%	10.85%
	3	850.3	666.3	749.9	604.1	11.81%	9.34%
	2	1 106.2	885.1	1 009.3	784.1	8.76%	11.41%
	1	1 254.2	994.5	1 147.5	893.9	8.51%	10.12%

沉降值	楼层	刚性地基		考虑 SSI 效应		X 向比值	Z 向比值
		X 向	Z 向	X 向	Z 向		
4 mm/m	6	364.8	289.1	311.4	246.8	14.63%	14.29%
	5	414.9	324.2	367.3	271.2	11.47%	16.34%
	4	543.3	443.9	475.0	384.0	12.58%	13.51%
	3	870.9	691.7	781.5	620.6	10.27%	10.28%
	2	1 132.9	918.8	1052.2	830.5	7.13%	9.61%
	1	1 284.5	1 032.4	1 183.8	942.9	7.84%	8.67%
6 mm/m	6	385.9	304.6	334.4	263.9	13.36%	10.29%
	5	438.9	341.6	397.4	278.0	9.47%	18.64%
	4	574.8	467.8	513.9	382.4	10.60%	18.27%
	3	921.3	729.0	795.0	580.4	13.71%	20.38%
	2	1 198.5	968.3	1 049.9	808.8	12.40%	16.47%
	1	1 358.9	1 088.0	1 288.6	976.4	5.17%	10.26%

在刚性地基与考虑土 - 结构相互作用条件下，对四种不均匀沉降影响下的建筑结构，进行不同设防烈度下的地震激励，可得结构各层剪力反应。通过对以上剪力时程曲线的分析，可以得到如下主要结论。

（1）水平剪力最大值受楼层等效侧向刚度比影响，当不受采动影响时，随楼层位置增高而平缓减小。

（2）随着不均匀沉降量的增大，地震激励下结构底部刚度快速折减，层间剪力在首层差异较大。采动损害容易导致底层柱抗剪承载力不足产生贯通裂缝。

（3）刚性地基与土 - 结构相互作用模型，其水平层间剪力都随着地震烈度的增加而增大。在高烈度情况下，土 - 结构相互作用模型水平层间剪力增量较小。

（4）与刚性地基相比，考虑土 - 结构相互作用后，各层所受剪力减少量为 9.48% ～15.4% 不等。

6.4 土 - 结构相互作用的采动影响下结构倒塌破坏研究

土 - 结构动力相互作用问题的研究较为复杂，大多数研究侧重于将土 - 结构简化为二维平面后进行弹塑性动力响应分析，简化后距离工程实际问题仍有一定的差距，而对于采空区边缘地带的工程结构在强震作用下的倒塌状态及过程研究相对较少。基于前几章的研究,通过有限元分析软件 ANSYS/LS-DYNA 进行三维建模,对考虑土-结构相互作用的煤矿采动损伤建筑进行强震作用下的破坏过程分析。土体与上部结构选用 SOLID164 单元,钢筋混凝土材料选用 MAT_72R3,参照 3.2.2 小节,选择地震波进行 X 向与 Z 向地震激励,并按照公式(3.1)将所选地震波峰值加速度调整为 0.45g。地基土体分别采用刚性假设、硬土、软土三种进行模拟分析,上部结构为六层钢筋混凝土框架结构。分析建筑结构所处工程地质为刚性地基、硬土地基、软土地基时,在煤矿采动影响下建筑结构倒塌破坏规律的异同。

6.4.1　土层参数

因土体为半空间无限体,为减小土体计算区域对有限元分析结果的影响,土体计算区域的选择采用 6.2.2 小节中地基土体范围。为缩小地震波反射对计算结果的干扰,边界条件采用 ANSYS/LS-DYNA 中黏-弹性边界。土体本构模型选取 6.2.1 中介绍的土体动力本构模型,土体参数如表 6.33 和表 6.34 所示。

表 6.33　硬土物理属性

参数编号	厚度(m)	密度(kg/m³)	泊松比	体积模量(10^8 N/m²)	剪切模量(10^8 N/m²)	内摩擦角(°)
1	6	2 000	0.2	9.78	3.86	25.6
2	6	2 050	0.2	9.82	3.87	25.7
3	6	2 100	0.2	11.84	4.66	29.7
4	6	2 140	0.2	11.88	4.67	29.8
5	6	2 200	0.2	14.11	5.58	34.2
6	6	2 260	0.2	14.19	5.59	34.4

表 6.34　软土物理属性

参数编号	厚度(m)	密度(kg/m³)	泊松比	体积模量(10^8 N/m²)	剪切模量(10^8 N/m²)	内摩擦角(°)
1	6	1 700	0.2	4.92	1.98	8.2
2	6	1 710	0.2	6.24	2.50	8.4
3	6	1 720	0.2	7.50	3.04	10.1

参数编号	厚度（m）	密度（kg/m³）	泊松比	体积模量（10⁸ N/m²）	剪切模量（10⁸ N/m²）	内摩擦角（°）
4	6	1 730	0.2	8.69	3.78	10.5
5	6	1 740	0.2	9.82	4.37	12.3
6	6	1 750	0.2	10.92	5.12	12.7

6.4.2 刚性地基下结构倒塌破坏分析

（1）模型一建立在刚性地基假定下,结构在 X 和 Z 方向上的不均匀沉降量均为 0 mm/m,在对该三维模型进行 X 和 Z 双向地震激励后,可得到结构在不同时段的开裂—破坏—倒塌状态的动态过程,结构倒塌主要环节如图 6.28 所示。

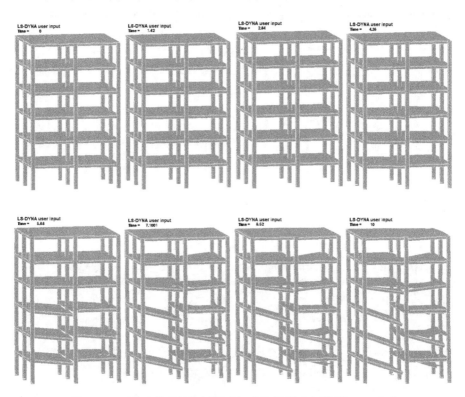

图 6.28　刚性地基下结构倒塌破坏过程(不均匀沉降量 0 mm/m)

若地基假定为刚性,未受煤矿采动影响的条件下,根据图 6.28 中的倒塌破坏过程可知,结构在前 1.42 s 以弹性变形为主。随着地震激励持续时间的增加,地震输入能量不断增大,在 2.84 s 时,与二层边柱相连的梁端最先出现微裂缝,随即裂缝变宽并向上延伸贯通整个梁端部;在 4.26 s 时,与首层、二层、三层边柱相连的梁端出现断裂迹象,首层角柱在柱脚处可见水平裂缝;在 5.68 s 时,首层楼板裂缝数量及宽度迅速发展,框架结构有沿着 X 方向倾斜的趋势,而结构三层及以下楼层,与边柱相连的框架梁端完全断开;在 7.1 s 时,结构在地震往复荷载的作用下,楼板与框架梁交接处裂缝贯通,对楼板的支撑作用逐渐减弱,首层柱倾斜度不断增加,三层及以下楼层位置处的楼板开始逐渐下落,四层楼面出现可见裂缝;在 8.52 s 时,结构首层楼板掉落到地面,二层与三层的楼板即将塌落到首层;在 10 s 时,柱脚约束处弯矩越来越大,多根框架柱在首层柱脚处形成环界面水平裂缝,损伤程度加剧,但整体并未倒塌。

(2)模型二建立在刚性地基假定下,结构在 X 和 Z 方向上的不均匀沉降量均为 2 mm/m,在对该三维模型进行 X 和 Z 双向地震激励后,可得到结构在不同时段的开裂—破坏—倒塌状态的动态过程,结构倒塌主要环节如图 6.29 所示。

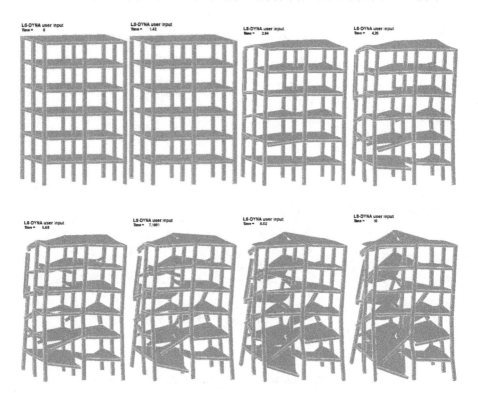

图 6.29　刚性地基下结构倒塌破坏过程(不均匀沉降量 2 mm/m)

受煤矿采动影响,建筑物产生 2 mm/m 的双向不均匀沉降,根据图 6.29 中的倒塌破坏过程可知,在 1.42 s 之前结构未见明显裂缝。在 2.84 s 时,二层角柱左侧梁端开始产生裂缝,沉降量最小的角柱与顶层楼板之间开始脱离,这是由于建筑物沿沉降对角线方向产生偏心作用,在地震荷载往复作用下,最大下沉点的角柱附近区域以受压状态为主,最小下沉点的角柱附近区域更多地存在受拉状态,结构顶层楼板与柱之间的相互约束最弱,在拉应力作用下最容易开裂,楼板开始表现出上隆与下压现象。在 4.26 s 时,首层左侧框架梁与边柱开始断开,二层左侧楼板与梁之间的裂缝逐渐增大,顶层楼板可见明显裂缝,沉降量最小的角柱在四层位置处呈"柱铰"破坏;在 5.68 s 时,首层楼板与二层楼板开始脱落,沉降量最小角柱处的楼板下沉,四层与五层框架梁由于梁端塑性铰失效而相继退出工作;在 7.1s 时,结构顶层可见明显裂缝,首层与二层出现局部竖向倒塌,角柱 C_1 侧向弯曲变形增大,结构存在扭转变形;在 8.52 s 时,三层以上梁板损害程度加剧,持续到第 10 s 时,角柱 E_1 在柱脚处破坏。

(3)模型三建立在刚性地基假定下,结构在 X 和 Z 方向上的不均匀沉降量均为 4 mm/m,在对该三维模型进行 X 和 Z 双向地震激励后,可得到结构在不同时段的开裂—破坏—倒塌状态的动态过程,结构倒塌主要环节如图 6.30 所示。

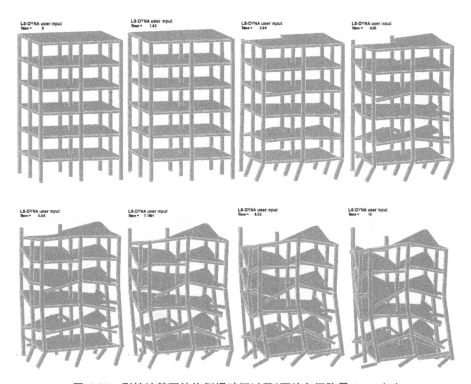

图 6.30　刚性地基下结构倒塌破坏过程(不均匀沉降量 4 mm/m)

受煤矿采动影响,建筑物产生 4 mm/m 的双向不均匀沉降,根据图 6.30 中的倒塌破坏过程可知,结构在前 1.42 s 时,首层框架梁产生裂缝数量较多;在 2.84 s 时,首层框架节点形成塑性铰,首层侧向弯曲变形明显,沿倾斜方向顶层角柱 A_1 节点损坏,二层位置右侧边柱局部损坏;在 4.26 s 时,首层、二层框架梁在端部形成贯穿整个梁界面竖向裂缝后开始脱落,顶层楼板变形严重,部分框架柱外露;在 5.68 s 时,建筑物开始发生扭曲变形,各楼层构件损坏严重,首层柱脚裂缝环截面贯通即将与地面脱离;在 7.1 s 时,角柱失稳形成局部倒塌,首层与二层的梁和楼板开始下落,三层与四层框架梁在框架节点左右端处断裂;在 8.52 s 时,首层由局部倒塌发展为首层全部塌落到地面,结构二层开始向下塌落,结构侧向倾斜增大;在10 s时,二层塌落到首层的废墟上,上部楼层损坏严重。

(4) 模型四建立在刚性地基假定下,结构在 X 和 Z 方向上的不均匀沉降量均为 6 mm/m,在对该三维模型进行 X 和 Z 双向地震激励后,可得到结构在不同时段的开裂—破坏—倒塌状态的动态过程,结构倒塌主要环节如图 6.31 所示。

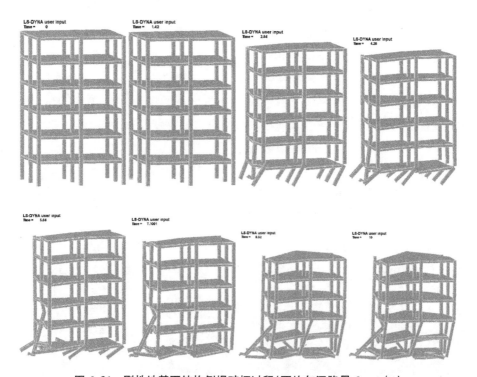

图 6.31　刚性地基下结构倒塌破坏过程(不均匀沉降量 6 mm/m)

受煤矿采动影响,建筑物产生 6 mm/m 的双向不均匀沉降,根据图 6.31 中的倒塌破坏过程可知,结构在前 1.42 s 时,多数框架柱在柱脚处有裂缝产生,首层边柱梁端产生裂缝,因首层位置出现大量"柱铰"破坏点而形成机构体系,与楼板交接处有斜裂缝产生;在 2.84 s 时,首层角柱 A_1 因柱脚断裂发生失稳,首层侧向刚度继续下降,结构开始表现为侧向倒塌,结构顶层柱板连接处出现贯通裂缝;在 4.26 s 时,边柱 B_1 在三层中间处断裂,底层侧向倒塌加剧,二层与三层梁端裂缝增多;在 5.68 s 时,结构首层楼板完全掉落到地面,边柱 B_1 在三层中间处折断;在 7.1 s 时,边柱 D_1 在三层柱顶处断裂,四层角柱 C_1 在距离上层 1/3 高度处有通透裂缝,三层以上楼板上隆与下压作用明显,会加剧梁与楼板连接处的损伤;在 8.62 s 时,二层柱侧向变形增大,二层多数框架梁从端部脱落,三层、四层、五层右侧框架梁跨中出现大量裂缝,三层出现多处"柱铰"破坏点,顶层楼板因上隆与下压作用变形严重;在 10 s 时,随着二层柱逐渐退出工作,梁板即将塌落到首层废墟上,四层以上结构破坏较为严重。

6.4.3 硬土地基下结构倒塌破坏分析

(1) 模型一建立在硬土地基条件下,结构在 X 和 Z 方向上的不均匀沉降量均为 0 mm/m,在对该三维模型进行 X 和 Z 双向地震激励后,可得到结构在不同时段的开裂—破坏—倒塌状态的动态过程,结构倒塌主要环节如图 6.32 所示。

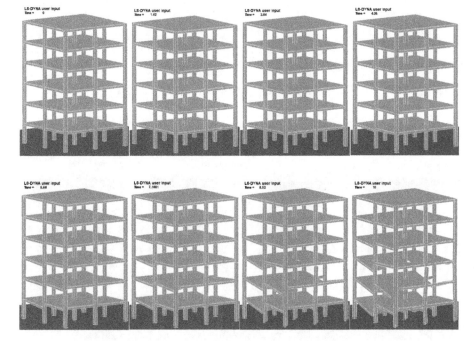

图 6.32 硬土地基下结构倒塌破坏过程(不均匀沉降量 0 mm/m)

若地基土为硬土,未受煤矿采动影响的条件下,根据图 6.32 中的倒塌破坏過程可知,结构在 1.42 s 之前以弹性变形为主,与刚性地基假设相比,结构整体有一定的下沉量,随着地震持时的增加,结构二层在 2.84 s 时开始出现裂缝,随即角柱与边柱相连的框架梁开始产生弯曲变形并在梁端产生裂缝;在 4.26 s 时,梁端裂缝逐渐演变为贯通裂缝,但未表现出明显断裂现象,首层柱在柱脚处产生水平裂缝,沿着地震激励 X 方向开始轻微的倾斜;在 5.68 s 时,第二层的角柱出现了"柱铰"破坏迹象,与边柱相连的首层左侧框架梁端部破坏逐渐退出工作,开始下落;在 7.1 s 时,二层与三层的框架梁开始出现"梁铰"破坏,逐渐在框架节点附件区域断裂;在 8.52 s 时,结构首层柱表现为侧向倾斜,柱底约束处弯矩越来越大,并在柱脚和端部发生断裂,首层开始倒塌,三层中柱附近的楼板可见通透裂缝;在 10 s 时,随着首层楼板的塌落碎裂,二层框架柱开始发生失稳,但后期地震加速度大幅度减小,对结构倒塌破坏的影响有限。

(2)模型二建立在硬土地基条件下,结构在 X 和 Z 方向上的不均匀沉降量均为 2 mm/m,在对该三维模型进行 X 和 Z 双向地震激励后,可得到结构在不同时段的开裂—破坏—倒塌状态的动态过程,结构倒塌主要环节如图 6.33 所示。

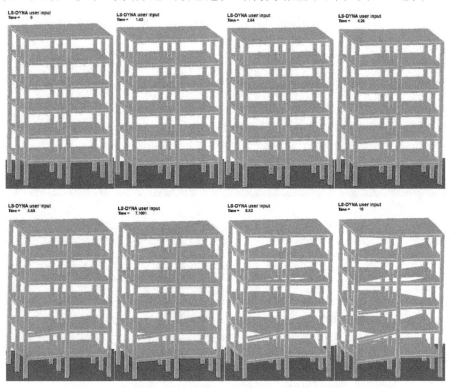

图 6.33 硬土地基下结构倒塌破坏过程(不均匀沉降量 2 mm/m)

若地基土为硬土,煤矿采动影响下,产生不均匀沉降为 2 mm/m 时,根据图 6.33中的倒塌破坏过程可知,结构在前 1.42 s 时未见明显裂缝;在 2.84 s 时,结构首层和二层,与角柱 C_3 相连的左侧梁端开始产生裂缝,沉降量最小的角柱 A_1 发生侧弯,与其相连的顶层楼板存在轻微下陷;在 4.26 s 时,二层左侧楼板与框架梁之间的裂缝发展为通透性裂缝,左侧梁端断裂开始脱落,角柱 A_1 屈曲变形增大,则与其相连的楼板下沉值继续变大,三层与角柱 C_3 相连的梁端开始开裂;在 5.68 s 时,二层楼板塌落幅度大于首层,角柱 A_1 在四层位置处发生断裂,角柱 C_3 在第三层位置处发生弯曲变形,边柱在首层位置处呈现"柱铰"破坏;在7.1时,与角柱 C_3 相连的三层楼板发生较大弯曲变形,在五层与角柱 C_3 相连的楼板角部出现通透斜裂缝,三层左侧梁端断裂;在 8.52 s,角柱 C_3 在三层位置处断裂,四层与五层楼板在上隆与下压作用下产生大量裂缝,三层左侧框架梁开始脱落;在 10 s 时,结构首层楼面出现 45°度沿对角线裂缝,四层与五层出现楼面塌落迹象。

(3)模型三建立在硬土地基条件下,结构在 X 和 Z 方向上的不均匀沉降量均为 4 mm/m,在对该三维模型进行 X 和 Z 双向地震激励后,可得到结构在不同时段的开裂—破坏—倒塌状态的动态过程,结构倒塌主要环节如图 6.34 所示。

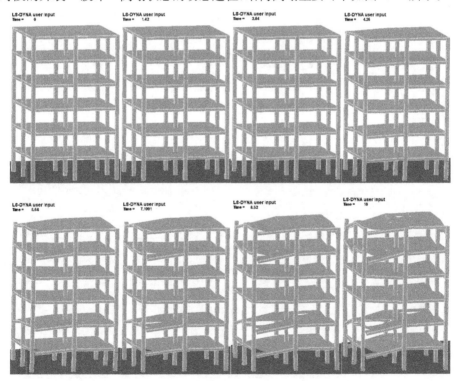

图 6.34 硬土地基下结构倒塌破坏过程(不均匀沉降量 4 mm/m)

若地基土为硬土,在煤矿采动影响下,产生不均匀沉降为 4 mm/m 时,结构有部分陷入土体中,根据图 6.34 中的倒塌破坏过程可知,在煤矿采动影响下结构附加应力主要集中在结构底部,结构在前 1.42 s 时,柱脚可见少量水平裂缝,角柱 A_1 在首层位置处形成贯通裂缝,角柱 A_1 附近的楼板出现局部损坏;在 2.84 s 时,首层侧向变形增大,首层左侧梁端与柱衔接处开裂,边柱 B_1 的上端在首层位置处产生交宽水平裂缝;在 4.26 s 时,四层以上楼板上隆与下压作用明显,首层左侧梁与楼板衔接处产生裂缝,五层左侧框架梁端部开裂;在 5.68 s 时,首层与五层左侧框架梁开始脱落,角柱 A_1 与顶层楼板分裂,顶层左侧框架梁端开裂;在 7.1 s 时,首层、二层、五层左侧框架梁开始脱落,首层柱脚损坏较为严重;在 8.52 s 时,角柱 C_1 在三层与四层位置处出现"柱铰"破坏,顶层出现局部塌落;在 10 s 时,三层、五层、顶层楼板可见大量通透裂缝,结构竖向倒塌严重。

(4)模型四建立在硬土地基条件下,结构在 X 和 Z 方向上的不均匀沉降量均为 6 mm/m,在对该三维模型进行 X 和 Z 双向地震激励后,可得到结构在不同时段的开裂—破坏—倒塌状态的动态过程,结构倒塌主要环节如图 6.35 所示。

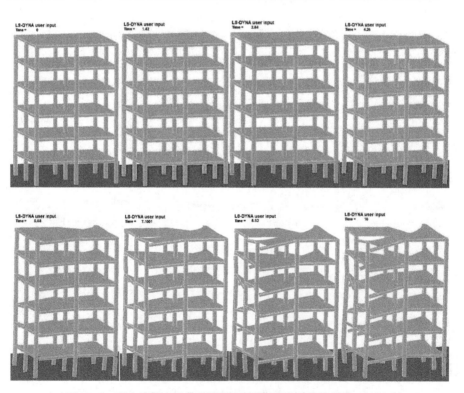

图 6.35　硬土地基下结构倒塌破坏过程(不均匀沉降量 6 mm/m)

若地基土为硬土,在煤矿采动影响下,产生不均匀沉降为 6 mm/m 时,根据图 6.35 中的倒塌破坏过程可知,结构在前 1.42 s 时,首层左侧框架梁端有裂缝出现,结构沿角柱对角线方向倾斜;在 2.84 s 时,首层柱发生侧向弯曲变形,左侧角柱 B_1 与 A_1 在柱脚处断裂,角柱 E_1 在首层位置处有较宽的水平裂缝;在 4.26 s 时,结构首层侧向变形继续变大,导致多数柱在柱脚处及首层框架节点处断裂,顶层楼板上隆与下压现象显著,首层、二层、四层与六层框架梁端部垂直裂缝增多;在 5.68 s 时,角柱 A_1 在首层变形较大,在五层框架节点处上下端全部断裂角柱 C_3 在首层处发生"柱铰"破坏;在 7.1 s 时,首层开始形成局部倒塌,上部楼层从梁端断裂处开始塌落,首层、二层、四层与六层的左侧框架梁开始掉落,四层 Ⅰ 区出现局部倒塌,顶层楼板可见通透裂缝;在 8.52 s 时,各楼层均出现局部竖向倒塌,结构首层结构扭转变形严重,侧向变形加剧;在 10 s 时,首层由局部倒塌发展为整体倒塌。

6.4.4 软土地基下结构倒塌破坏分析

(1)模型一建立在软土地基条件下,结构在 X 和 Z 方向上的不均匀沉降量均为 0 mm/m,在对该三维模型进行 X 和 Z 双向地震激励后,可得到结构在不同时段的开裂—破坏—倒塌状态的动态过程,结构倒塌主要环节如图 6.36 所示。

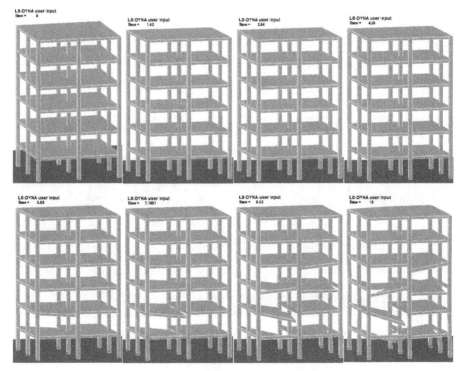

图 6.36 软土地基下结构倒塌破坏过程(不均匀沉降量 0 mm/m)

若地基土为软土,在未受煤矿采动影响的条件下,根据图 6.36 中的倒塌破坏过程可知,框架结构在地震激励前 1.42 s 时以弹性变形为主,随着地震激励时间的增加,结构陷入土体现象明显;在 2.84 s 时,首层左侧梁端开裂,结构底部存在侧向弯曲,柱脚约束处弯矩变大;在 4.26 s 时,首层柱脚处有水平裂缝产生,二层与边柱相连的左侧梁端逐渐开始产生垂直微裂缝;在 5.68 s 时,之前开裂的首层与二层左侧梁端裂缝逐渐贯通,且板与梁交接处有裂缝产生,二层边柱在下端开始出现破坏点,表现为"柱铰"破坏机制;在 7.1 s 时,首层与二层左侧框架梁与楼板开始出现端部脱落迹象,二层角柱 E_1 在上端位置处,三层与四层框架梁的端部出现裂缝;在 8.52 s 时,首层与二层梁板构件因端部完全脱落而开始掉落;在 10 s 时,三层与四层梁板构件也开始塌落,角柱 A_1 在三层位置处完全断裂,楼层侧向刚度下降,第三层沿 X 方向弯曲变形较大。

(2) 模型二建立在软土地基条件下,结构在 X 和 Z 方向上的不均匀沉降量均为 2 mm/m,在对该三维模型进行 X 和 Z 双向地震激励后,可得到结构在不同时段的开裂—破坏—倒塌状态的动态过程,结构倒塌主要环节如图 6.37 所示。

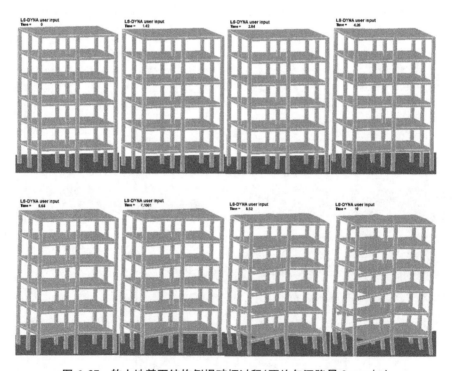

图 6.37 软土地基下结构倒塌破坏过程(不均匀沉降量 2 mm/m)

若地基土为软土,在煤矿采动影响下,根据图 6.37 中的倒塌破坏过程可知,结构在前 1.42 s 时,角柱 A_1 在柱脚处出现水平裂缝,在首层与六层位置处开裂;在 2.84 s 时,边柱 B_1 与 B_2 柱脚处相继有裂纹出现,首层边柱 D_1 上端有明显裂缝,地震动力作用下,因土质较软结构部分陷入土体中;在 4.26 s 时,位于角柱 A_1 处的首层框架节点损坏,角柱 C_1 处的二层框架节点破坏,且沿楼板对角线产生裂缝;在 5.68 s 时,首层边柱 D_1 上端有裂缝,三层边柱 B_1 上端开裂,首层和二层的左侧框架梁端部,与角柱 C_1 的缝隙变大;在 7.1 s 时,结构首层弯曲变形明显,部分柱脚裂缝变宽,三层与四层左侧框架梁端开始从节点区域断裂,五层与六层框架梁端部有裂缝出现;在 8.52 s 时,所有楼层均存在框架梁断裂脱落现象,梁与楼板连接处开裂范围扩大,结构首层弯曲变形增大;在 10 s 时,角柱 A_1 丧失承载力,B_1 与 B_2 在柱脚处与基础完全断开,所在区域存在局部竖向倒塌的风险,楼板的上隆与下压作用会加剧各楼层的破坏程度。

(3) 模型三建立在软土地基条件下,结构在 X 和 Z 方向上的不均匀沉降量均为 4 mm/m,在对该三维模型进行 X 和 Z 双向地震激励后,可得到结构在不同时段的开裂—破坏—倒塌状态的动态过程,结构倒塌主要环节如图 6.38 所示。

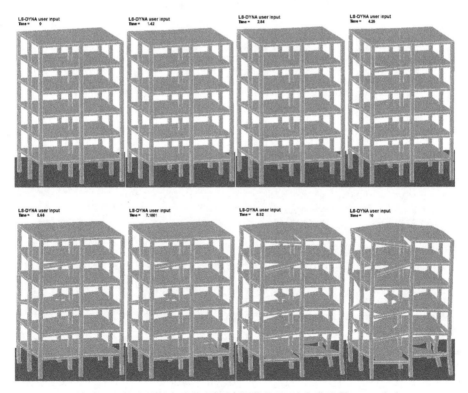

图 6.38 软土地基下结构倒塌破坏过程(不均匀沉降量 4 mm/m)

若地基土为软土,在煤矿采动影响下,根据图 6.38 中的倒塌破坏过程可知,结构在前 1.42 s 时,角柱 A_1 损害部位较多,柱脚处有水平裂缝,在四层位置处有"柱铰"破坏点,在第六层柱中间部位断裂;在 2.84 s 时,首层、四层、五层框架梁端有明显裂缝产生,结构楼板存在明显上隆与下压作用;在 4.26 s 时,五层框架梁与楼板交接处裂缝发展较快,三层边柱 B_2 附近楼板局部破坏,角柱 E_1 在首层位置处断裂;在 5.68 s 时,因土质相对较软,增加建筑物因不均匀沉降而引起的倾斜,重心进一步降低,结构上部反应较大,上层结构构件损坏的发展程度要快于底部结构,破坏效果明显,此时结构沿着角柱 A_1 与 E_1 方向的变形显著;在 7.1 s 时,结构首层梁和楼板破坏较为严重,角柱 E_1 在二层位置处完全断裂,首层与二层侧向刚度减小;在 8.52 s 时,结构各楼层破坏程度加剧,开始向下部楼层塌落,角柱 D_2 在首层位置处断裂,首层局部竖向倒塌风险增加;在 10 s 时,首层出现竖向倒塌,四层因角柱 A_1 断裂而出现局部失稳。

(4) 模型四建立在软土地基条件下,结构在 X 和 Z 方向上的不均匀沉降量均为 6 mm/m,在对该三维模型进行 X 和 Z 双向地震激励后,可得到结构在不同时段的开裂—破坏—倒塌状态的动态过程,结构倒塌主要环节如图 6.39 所示。

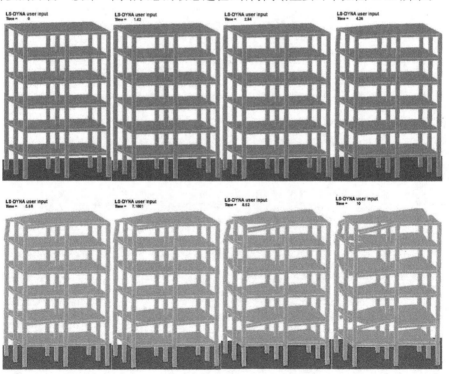

图 6.39 软土地基下结构倒塌破坏过程(不均匀沉降量 6 mm/m)

若地基土为软土,在煤矿采动影响下,根据图 6.39 中的倒塌破坏过程可知,结构在前 1.42 s 时沿不均匀沉降方向发生变形,角柱 A_1、边柱 B_1、B_2 柱脚处的裂缝最显著,角柱 A_1 在五层、六层位置处存在"柱铰"破坏点,结构陷入土体深度大于硬土;在 2.84 s 时,结构多数框架梁均有裂缝产生,顶层楼板存在上隆与下压弯曲变形,上部楼层因位移反应较大,梁端部裂缝发展较快,角柱 A_1 在首层位置处断裂;在 4.26 s 时,首层柱脚出现水平裂缝的数量增多,首层与二层左侧框架梁端部裂缝贯通,顶层楼面角部开始损坏,角柱 C_1 在首层柱顶破坏;在 5.68 s 时,结构顶层因角柱 A_1 失稳存在局部竖向倒塌迹象,多根首层柱在柱顶位置处开裂,二层与六层的梁板交接处裂缝变宽变长;在 7.1 s 时,各楼层梁端与节点之间出现不同程度的分裂,楼板的上隆与下压作用加剧梁和楼板的分裂,首层侧向弯曲变大;在 8.52 s 时,结构顶层出现局部竖向倒塌,结构沿不均匀沉降方向倾斜度增大,各楼层多数梁板开始向下首层掉落;在 10 s 时,结构首层因框架柱在柱脚与上端断裂数量较多,侧向刚度被削弱,因此向侧向倒塌的风险加剧。

6.5 本章小结

本章主要对有限元分析模型(基于刚性地基假设与考虑土-结构相互作用的两类模型)进行 X 与 Z 两个方向的地震激励,对比分析刚性地基假设模型与考虑土-结构相互作用的煤矿采动损伤建筑模型,在 X 与 Z 向的自振频率变化、加速度响应,顶点位移响应,层间变形及结构水平层间剪力变化,探讨对刚性地基假设模型与考虑土-结构相互作用模型分别施加采动影响后,在 X 与 Z 向的抗震性能与抗震稳健性的变化规律,主要研究结果如下。

(1)与刚性地基假设对比可知,考虑土-结构相互作用后,结构的约束相对减弱,表现为柔性体系,结构自振周期变长。

(2)考虑土-结构相互作用后,结构的顶层加速度反应减弱。以 EI-Centro 波 7 度设防地震激励为例,不均匀沉降量为 0 mm/m、2 mm/m、4 mm/m、6 mm/m 时,所对应的 X 向加速度降低幅值分别为 4.50%、4.90%、5.70%、7.30%,所对应的 Z 向加速度降低幅值分别为 10.20%、11.60%、13.10%、18.60%。

(3)考虑土-结构相互作用后的结构顶点位移要大于刚性地基,加速度时程曲线变化较柔,X 方向的动力反应要强于 Z 向。以 EI-Centro 波 7 度设防地震激励为例,当不均匀沉降量为 0 mm/m、2 mm/m、4 mm/m、6 mm/m 时,考虑土-结构相互作用后,X 向位移峰值要比刚性地基分别增大 16.0%、18.9%、

15.0%、20.0%,X 向位移峰值要比刚性地基分别增大 25.3%、26.8%、29.7%、32.6%,可见煤矿采动对建筑物的影响作用越大,结构顶点位移变化越显著。考虑土-结构相互作用后,结构的位移由三部分构成,分别为基础的平移、基础的转动与结构的变形,所以顶层最大位移要大于刚性地基。因此,研究煤矿采动损伤建筑物的抗震性能,非常有必要考虑土-结构相互作用。

(4)当考虑土-结构相互作用后,结构的最大层间位移角普遍比刚性地基要偏小,层间位移角的变化趋势比刚性地基要缓,尤其是对于不均匀沉降影响下的结构,这种变化更为显著。以 EI-Centro 波 7 度设防地震激励为例,考虑土-结构相互作用后,首层与二层层间变形与刚性地基差值较大,尤其是二层的层间位移角最大,当不均匀沉降量为 0 mm/m、2 mm/m、4 mm/m、6 mm/m 时,二层 X 向层间变形变化量分别为 18.37%、15.43%、12.04%、11.99%。当采动作用逐渐增强时,首层与三层的层间变形不断增加,结构的薄弱层不断向周围楼层发展。

(5)水平层间剪力随楼层位置增加而减小。不均匀沉降量分别为0 mm/m、2 mm/m、4 mm/m、6 mm/m 的模型,其楼层层间剪力有所差异,与刚性地基相比,考虑土-结构相互作用后,水平层间剪力随楼层位置增加而减小,同一楼层的水平层间剪力要小于刚性地基。以 EI-Centro 波 7 度设防地震激励为例,与刚性地基相比,X 向首层水平层间剪力分别减小了 9.35%、8.51%、7.84%、5.17%。

(6)基于刚性地基假设,结构底部变形增加,当采动作用影响下建筑物发生不均匀沉降时,会加剧建筑物的侧向变形。在地震往复荷载作用下,随着采动影响的不断增强,会加剧重力二阶效应对结构的影响,结构变形愈趋向底部集中。考虑土-结构相互作用后,结构顶层位移由基础平移、转动与结构变形叠加而成,表现为柱顶位移增加,柱顶加速度有所减小。考虑土-结构相互作用后,与实际地震反应更为接近,更有效保证结构的安全性。

(7)不同土体条件下,结构的破坏时间所有差别。基于刚性地基假设下的结构破坏时间多数要早于硬土和软土土层,土质越软,这种破坏延迟效果越显著。在采矿采动影响相同的条件下,软土地基结构整体破坏情况要小于硬土土层,小于刚性地基。地基土体越软,不均匀沉降量越大,结构在地震动力作用下陷入土体的深度越大,结构侧向变形越严重。倒塌破坏过程表明,结构的破坏既有"柱铰"破坏,又有"梁铰"破坏,存在"混合倒塌"机制现象。考虑土-结构相互作用后,上部结构反应较大,构件不同程度形成塑性损伤,耗散掉部分地震输入能,底部整体倒塌概率降低。

7 结论、创新点及展望

7.1 主要结论

本书依托国家自然科学基金项目《地震作用下采动区岩层动力失稳与建筑安全控制研究》,项目编号为 51474045,基于开采沉陷学、岩土地震工程与工程振动理论,探索了地基土体移动变形规律及其影响因素。根据结构动力学理论,采用现场调研与理论分析相结合的方法,利用设计的采动模拟试验台模拟采动灾害引起的建筑物不均匀沉降;通过振动台动力试验,重点研究建筑结构在煤矿采动损害与地震灾害作用下的抗震稳健性变化规律及结构动力灾变机制;选用有限元数值模拟软件 ANSYS/LS-DYNA,通过试验研究与结构仿真分析相结合的研究方法,验证有限元模拟的合理性与可靠性,并利用数值模拟对建筑物在采动灾害影响下产出的单向不均匀沉降与双向不均匀沉降变形过程,对建筑物的损害机理进行了分析;结合地震工程学、损伤力学理论,对煤矿采动灾害损伤下的建筑结构,在刚性地基与考虑土-结构相互作用下的抗震性能劣化机制及动力灾变过程进行分析,并探讨煤矿采动灾害损伤下的建筑结构,在不同土层下的结构倒塌变化规律,指出采空区边缘地带建筑物抵抗采动损害与地震破坏的防控措施及保护策略,主要研究结论如下。

1. 振动台试验设计与模型制作

根据一致相似关系设计六层 RC 框架结构缩尺模型,通过对模型所用材料进行了物理力学性能测试,确定微粒混凝土最终配合比,并结合承载力相似原则计算缩尺模型构件截面尺寸及配筋。

2. 采动与地震影响下 RC 框架结构振动台试验分析

(1)煤矿采动扰动下结构产生不均匀沉降,对结构产生初始损伤,结构的自振频率降低,不均匀沉降量越大,结构的自振频率降低越多,说明采动影响下结构刚度折减越严重,采动灾害引起的初始损伤会加剧结构在地震作用下的损害。

(2)采动灾害影响程度增大,结构加速度呈放大趋势,结构底部加速度反应谱峰值增加效果显著,该部位易过早地发生塑性损伤消耗地震输入能,则分配到上部楼层的能量减少,上部结构的加速度就会有明显的衰减,说明采动初始损伤影响下,结构主要通过底部损伤耗散地震输入能量。不均匀沉降量越大,结构重心降低越多,底层加速度放大系数增量越大,地震作用下结构底层容易过早地进入塑性损伤状态耗散大量地震输入能,不利于地震能量向上层传递与分散,下部结构极易形成塑性损伤薄弱区,抗震稳健性降低,容易发生整体失稳,结构抗倒塌能力下降。

(3) 受采动影响越大,结构层间位移越大,随着地震动力的增加,底部结构层间位移增大效果显著。一般表现为首层最大层间位移角较未受采动影响工况提前超过规范限值,随着采动损害增大,当地震强度增大时,多个受采动影响的工况呈现首层与二层的最大层间位移角超限,采动损害最大的结构,其三层最大层间位移角超过规范限值,说明地震强度增大,采动损害越大,结构薄弱层向上层发展越显著,此时结构底部已经形成大量塑性铰,底层构件损害严重,容易引起底层垮塌,存在极大的安全隐患。

(4) 在不同的地震波激励下,结构的能量曲线规律受地震波频谱特性较大,能量时程曲线在不同时段呈现不同的变化趋势。采动灾害影响越大,对建筑物的初始损伤越大,结构的滞回耗能与阻尼耗能曲线呈现较大差异。地震作用前期,结构以阻尼耗能为主,滞回耗能在总输入能中所占的比例较小,随着地震持时的增加,演变为以滞回耗能为主的耗散地震输入能量,主要耗能方式发生转变。采动引起的不均匀沉降量越大,这种主要以耗散地震输入能方式的转化时间点越提前。随着地震强度的增大,采动灾害影响越大的结构,滞回耗能的变化量越大,"损伤累积"效应对采动影响较大的结构表现得非常显著,因采动对结构的损害主要集中在下部楼层,故该区域极易形成"机构"体系,过早演化为薄弱层,结构发生整体倾倒的风险急剧增大,削弱建筑结构的抗震与抗倒塌能力。

(5) 随着不均匀沉降量的增大,柱纵筋应变逐渐增加,结构变形越大。地震动力荷载激励下,角柱纵筋应变响应最显著,中柱影响最小,随着地震峰值持续加大,柱纵筋应变逐渐增大,角柱纵筋的应变增量大于边柱和中柱,与其他柱相比,角柱在水平方向的约束相对较少,抗采动变形能力较弱。地震荷载往复作用下,引起的扭转效应对角柱内力影响最大,角柱纵筋极易最先屈服,削弱建筑结构的抗震性能。

(6) 采动影响越大,首层框架节点除了要承受平面框架体系中梁端和上下柱端传递的轴力、剪力和弯矩等内力,还要承受采动作用引起的附加应力,地震动力扰动下框架节点处混凝土极易开裂、钢筋屈服,与未受采动影响的节点相比其完整性较差,节点的刚度和延性下降,节点的能量耗散能力降低。

（7）动力破坏试验表明，采动损害影响最大的结构，其抗震稳健性衰减速率越快，角柱 A_1 最先发生破坏失稳，倒塌范围逐渐扩大，形成竖向倒塌区域，存在 $P-\Delta$ 二阶效应作用对结构倒塌的贡献，最终导致整个底部结构的垮塌。

3. 单向与双向不均匀沉降对建筑物的损害

采动灾害影响下结构产生两种不均匀沉降，其共同点：对结构的损害主要集中在结构底部，随楼层增加采动损害作用减弱，框架柱均表现为偏心受力状态。不同点：单向不均匀沉降状态，首层楼板上下面受压与受拉区域分界线与不均匀沉降方向垂直的框架梁平行；梁以弯曲变形为主，沿建筑物不均匀沉降方向平行的框架梁梁端，拉应力集中明显，更容易形成"梁铰机制"，而柱为单向偏心受力状态。双向不均匀沉降状态，梁存在弯扭变形，首层楼板上下面受压与受拉区域分界线为楼板对角线，楼板沿着对角线方向明显呈 45°裂缝发展趋势；柱沿着对角线方向呈双向偏心受力，若应力集中区位于柱脚，则地震灾害下柱脚容易发生剪切破坏，若应力集中区位于梁柱交接处，柱端极易开裂，更容易形成"柱铰机制"。

4. 为进一步完善对煤矿采动损伤建筑抗震性能劣化机理的分析，在双向地震动力作用下，分别考虑土-结构相互作用与刚性地基假定条件下，对煤矿采动与地震作用影响下框架结构抗震性能的影响

（1）与刚性地基假设对比可知，考虑土-结构相互作用后，结构的约束相对减弱，表现为柔性体系，结构自振周期变长。结构在 X 向与 Z 向的顶层加速度反应减弱，煤矿采动影响越大，加速度降低幅值越大。

（2）考虑土-结构相互作用后的结构顶点位移要大于刚性地基，加速度时程曲线变化较柔，X 向的动力反应要强于 Z 向。煤矿采动灾害对建筑物的影响作用越大，结构顶点位移变化越显著。

（3）当考虑土-结构相互作用后，结构的最大层间位移角变化量刚性地基要偏小，层间位移角的变化趋势比刚性地基要缓，水平层间剪力随楼层位置增加其变化量减小，尤其是对于采动灾害影响下的结构，这种变化更为显著。

5. 基于不同土层（刚性地基、硬土、软土）条件下，框架结构在煤矿采动与地震作用影响下的倒塌破坏规律

（1）不同土体条件下，结构的破坏时间有所差别。基于刚性地基假设下的结构破坏时间多数要早于硬土和软土地基，土质越软，这种破坏延迟效果越显著。在采动灾害影响相同的条件下，软土土层条件下的结构整体破坏情况要小于硬土层与刚性地基。地基土体越软，不均匀沉降量越大，结构在地震动力作用下沉入土体的深度越大，结构侧向变形越严重。

(2) 倒塌破坏过程表明结构的破坏既有"柱铰"破坏,又有"梁铰"破坏,存在"混合倒塌"机制现象。考虑土-结构相互作用后,上部结构反应较大,构件不同程度形成塑性损伤,耗散掉部分地震输入能,底部整体倒塌概率降低。

7.2 创新点

(1) 以采空区边缘地带 RC 框架结构为研究对象,在采动灾害长期作用下产生单向与双向不均匀沉降,对比分析首层柱、框架梁、楼板、框架节点的应力与变形异同点。

(2) 设计采动模拟试验台,模拟建筑结构在采动灾害影响下产生双向不均匀沉降。通过地震模拟振动台试验,系统地研究了框架结构在多重(采动与地震)灾害作用下的动力特性及倒塌破坏特征。

(3) 提出了通过抗震稳健性与抗震韧性理念,评价与控制采空区边缘地带建筑物在煤矿采动与地震作用影响下的安全性与稳定性。

7.3 研究展望

本书基于矿山开采沉陷学、结构动力学、损伤力学等理论,通过有限元和振动台试验分析了煤矿采动与地震作用影响下 RC 框架结构抗震性能劣化机制,取得了一些较为适用的结论。随着我国煤炭资源的高效开采,煤炭采出后残留的采空区对周边工程建设带来巨大安全隐患;加之我国土地资源紧、工程建设逐步向采空区边缘地带推进、大部分矿区位于有抗震设防要求的地带,但采空区边缘地带工程结构在地震作用下的稳定性尚处于探索性研究阶段,因此,关于采空区边缘地带的建筑结构抗震性能及保护仍需从以下几个方面进行深入探讨和研究,需要解决的问题如下。

(1) 本书中设计的煤矿采动模拟试验台具有较强的适用性,如何在地震模拟振动台试验中,将与上部结构相连的基础部分土体考虑进来,进行土体-煤矿采动灾害影响下的建筑结构振动台试验,是试验中的难点与重点。

(2) 煤矿采动与地震作用影响下建筑结构倒塌破坏的因素众多,在考虑土-结构相互作用的同时,应结合由场地土液化、软土震陷引起的地基失效,在地震激励过程中的结构疲劳作用等原因。

(3) 本书中未进行三维地震作用及相位差的研究,在煤矿采动灾害影响下,建筑结构的抗震性能劣化机理有待进一步深入探讨。

参考文献

［1］陈书平.高层建筑群下多层采空区场地工程适宜性评价及治理[D].徐州:中国矿业大学,2019.

［2］国务院.能源中长期发展规划纲要(2004—2020年)(草案)[R].2004.

［3］中国工程院.中国能源中长期(2030、2050)发展战略研究[M].北京:科学出版社,2011.

［4］郭增长,柴华彬.煤矿开采沉陷学[M].北京:煤炭工业出版社,2013.

［5］余学义,张恩强.开采损害学(第二版)[M].北京:煤炭工业出版社,2010.

［6］周大地.我国"十三五"能源发展战略问题思考[J].石油科技论坛,2016,35(5):1-8+19.

［7］张倩倩.我国能源消费总量控制的经济及环境影响与优化研究[D].北京:中国矿业大学,2018.

［8］李好管."十三五"规划关于中国能源、煤炭工业、煤炭深加工产业发展的政策导向(上)[J].煤化工,2017,45(3):1-6.

［9］王同孝,朱建国.矿区沉陷与土地复垦[J].矿山测量,1999(3):33-35.

［10］杨利芳.山西经坊煤矿采空塌陷形成机理及防治对策研究[J].中国煤炭地质,2013,25(2):52-55+59.

［11］朱旺喜,王来贵,王建国,等.资源枯竭城市灾害形成机理与控制战略研讨[M].北京:地质出版社,2003.

［12］Newmark N M,Hall W J. Earthquack Spectra and Design[M]. Berkeley, Calif: Earthquake Engineering Research Institute,1982.

［13］全国地震标准化技术委员会.中国地震烈度表(GB/T 17742—2020)[S].北京:中国标准出版社,2020.

［14］郭广礼,查剑锋.矿山开采沉陷及其防治[M].徐州:中国矿业大学出版社,2012.

［15］胡聿贤.地震工程学[M].北京:地震出版社,2006.

［16］Marc C, Betournay. Technology Transfer to the U. S[J]. Interstate Technical Group on Abandoned Underground Mines,2010,46(8):25-28.

［17］Gilbride L J,Free K S,Kehrman R. Modeling Block Cave Subsidence at the

Molycorp,Inc. Questa Mine-A Case Study[C]. The 40th U. S. Symposium on Rock Mechanics(LTSRMS), 2005,41(6):25-29.

[18] Dzegniuk B, Hejmanowski R, Sroka A. Evaluation of The Damage Hazard to Building on The Mining Areas Considering The Deformation Course In Time [J]. Environmental Earth Sciences,2002, 66(8):202-206.

[19] Nishida N, Esaki T, Aoki K, et al. Evaluation and Prediction of Subsidence in Old Working Areas and Practical Preventive Measures Against Mining Damage to New Structures[J]. Environmental Earth Sciences,2012, 68(8):112-116.

[20] Helmut Kratzsch. Mining Subsidence Engineering[M]. Berlin Heidelberg New York,1983.

[21] Can E, KuscuS, Kartal M E. Effects of mining subsidence on masonry buildings in Zonguldak hard coal region in Turkey[J]. Environmental Earth Sciences, 2012, 66(8): 2503-2518.

[22] Malinowska A. Classification and regression tree theory application for assessment of building damage caused by surface deformation[J]. Natural Hazards, 2014, 73(2): 317-334.

[23] Wolf J P. Soil-Structure Interaction with Separation of Base Mat from Soil(lifting-off)[J]. Nuclear Engineering and Design, 1976(38):357-284.

[24] Toki K. Separation and Sliding between Soil and Structure during Strong Ground Motion[M]. EESD, 1981(9):262-227.

[25] Toki K, Miura F. Non-linear Seismic Response Analysis of Soil-Structure Interaction Systems[M]. EESD, 1983(11):77-89.

[26] Zeman M M, et al. Interface Model for Dynamic Soil-Structure Interaction[J]. ASCE. 1983,110(9) :189-195.

[27] Ngo D, Scordelis A C. Finite element analysis of einforced concrete beams[J]. American Concrete Institute, 2017,164(3):152-163.

[28] Goodman R E,Taylor R L, Brekke T L. A Model for the mechanics of jointed rock[J]. Journal of the Soil Mechanics and Foundations Division, 2018, 94(3): 637-659.

[29] Fakharian K, Evgin E. Cyclic simple-shear behavior of sand-steel interfaces under constant normal stiffness condition[J]. Geotech Geoenviron Eng, 1997,123 (12): 1096-1105.

[30] Desai C S, Zaman M M. Thin layer element for interfaces[J]. Int Journ for Num&·Analy Meth in Geomech, 1984,8(1):19-43.

[31] 袁迎曙,秦杰,蔡跃,等.移动地表土与砌体结构共同作用的接触模型[J].中国矿业大学学报,1998(4):336-339.

[32] 秦杰,袁迎曙,杨舜臣.砌体结构与地基共同作用的研究[J].工业建筑,2000(12):22-25.

[33] Deck O,Heib M A,Homand F. Taking the soil-structure interaction into account in assessing The loading of a structure in a mining subsidence area[J]. Engineering Structures,2017,25(4):435-448.

[34] 邓喀中,郭广礼,谭志祥.采动区建筑物地基、基础协同作用特性研究[J].煤炭学报,2001(6):601-605.

[35] 谭志祥.采动区建筑物地基、基础和结构协同作用理论与应用研究[D].徐州:中国矿业大学,2004.

[36] 谭志祥,邓喀中.采动区建筑物地基、基础和结构协同作用模型[J].中国矿业大学学报,2004(3):30-33.

[37] 邓喀中,谭志祥,刘增良,等.采动区建筑物地基反力分布规律[C].第六届全国矿山测量学术讨论会论文集,2002:195-199.

[38] 谭勇强.采动区地表曲率变形与砌体建筑的地基与基础[J].煤炭科学技术,2003(11):24-26.

[39] 夏军武,常鸿飞.采动区地基—基础—钢框架结构空间协同作用的机理研究[C].第二届结构工程新进展国际论坛论文集,2008:255-260.

[40] 郭文兵,雍强.采动影响下高压线塔与地基、基础协同作用模型研究[J].煤炭学报,2011,36(07):1075-1080.

[41] 王彦星.采动区地基与基础增湿过程中相互作用模拟试验研究[D].焦作:河南理工大学,2014.

[42] 梁为民,王彦星,郭炳剑.侧限条件下非饱和土增湿压缩试验研究[J].河南理工大学学报(自然科学版),2014,33(1):95-100.

[43] 李春意,李彦辉,梁为民,等.大采深巨厚砾岩综放开采地表沉陷规律[J].河南理工大学学报(自然科学版),2013,32(6):703-708.

[44] 梁为民,李想,乔俊凤.受采动曲率变形影响的地基对建筑物基础的力学作用[J].矿业研究与开发,2012,32(4):93-96+104.

[45] 谭晓哲.输电铁塔开孔复合板基础抗地表变形性能研究[D].徐州:中国矿业大学,2015.

[46] 薛玉洁.复合桩基在采空区建构筑物基础中的应用研究[D].徐州:中国矿业大学,2016.

[47] 孟宁宁.采空区地表变形作用下框架结构筏板基础受力性能优化分析[D].大

庆：东北石油大学,2016.

[48] 高峰. 采空区地基沉降对多层砌体结构房屋影响的研究[D]. 济南：山东科技大学,2008.

[49] 苗昌奇,刘帅,马成龙,等. 深部条带开采条带数及留宽对地表沉陷影响研究[J]. 测绘与空间地理信息,2018,41(12)：215-218.

[50] Sun W B, Wang Y, Qiu H F, et al. Numerical simulation study of strip filling for water-preserved coal mining[J]. Environmental Science and Pollution Research, 2020, 27(12)：12899-12907.

[51] Spain A V, Tibbett M, Ridd M, et al. Phosphorus dynamics in a tropical forest soil restored after strip mining[J]. Springer International Publishing, 2018, 78(10)：427-105

[52] 董羽,黄玉诚,赵文平,等. 村庄下条带开采留设煤柱充填回采安全性研究[J]. 中国安全科学学报,2018,28(8)：117-122.

[53] Zhu X, Guo G, Liu H, et al. Experimental research on strata movement characteristics of backfill – strip mining using similar material modeling[J]. Bulletin of Engineering Geology and the Environment, 2019, 78(4)：2151-2167.

[54] 薛建阳,戚亮杰,葛鸿鹏,等. 仿古建筑钢框架结构拟动力试验及静力推覆分析[J]. 振动与冲击,2018,37(11)：80-88.

[55] Yan B, Che S, Tannant D D, et al. Application of double-yield model in numerical simulation of stability of mining filling body[J]. Arabian Journal of Geosciences, 2019, 12(16)：1-17.

[56] 贾林刚,张华兴. 长壁充填开采充填体稳定性研究[J]. 采矿与安全工程学报,2019,36(6)：1234-1239.

[57] 苏陈磊. 充填开采设计的基本理论及稳定性探讨[J]. 能源技术与管理,2019,44(3)：89-90+167.

[58] 刘国旺,闫春杰. 建筑物下固体充填开采地表沉陷规律分析[J]. 煤矿安全,2019,50(2)：214-218.

[59] 左建平,周钰博,刘光文,等. 煤矿充填开采覆岩连续变形移动规律及曲率模型研究[J]. 岩土力学,2019,40(3)：1097-1104+1220.

[60] 白二虎,郭文兵,谭毅,等. "条采留巷充填法"绿色协调开采技术[J]. 煤炭学报,2018,43(S1)：21-27.

[61] 张强,张吉雄,王佳奇,等. 充填开采临界充实率理论研究与工程实践[J]. 煤炭学报,2017,42(12)：3081-3088.

[62] 戴华阳,郭俊廷,阎跃观,等. "采-充-留"协调开采技术原理与应用[J]. 煤炭学

报,2014,39(8):1602-1610.

[63] 余学义,陈辉,赵兵朝,等.基于协调开采原理的裂隙带发育高度模拟[J].煤矿安全,2014,45(9):190-192+196.

[64] 郭文彬.孟加拉国 Barapukuria 井田三厚条件下协调减损开采理论研究与应用[D].西安:西安科技大学,2018.

[65] 刘文生,范学理,赵德深.覆岩离层充填技术的理论基础与工程实施[J].辽宁工程技术大学学报(自然科学版),2001(2):135-137.

[66] 杨逾,范学理,杨伦,等.离层注浆防治地表塌陷的注浆量计算[J].中国地质灾害与防治学报,2001(1):82-85.

[67] 赵德深,朱广轶,刘文生,等.覆岩离层分布时空规律的实验研究[J].辽宁工程技术大学学报(自然科学版),2002(1):4-7.

[68] 刘书贤,魏晓刚,王伟,等.采动区建筑物抗变形隔震装置的力学性能分析[J].实验力学,2013,28(4):542-548.

[69] 郑玉莹,夏军武.采动区框架结构新型抗变形支座的有限元[J].江南大学学报(自然科学版),2011,10(6):703-708.

[70] 刘立忠.松散砂层煤矿采动区抗变形建筑试验研究[D].唐山:华北理工大学,2018.

[71] 井征博,路世豹,蔡文进,等.采动引起的地表变形对框剪结构的影响[J].青岛理工大学学报,2011,32(2):27-32.

[72] 井征博.钢筋混凝土框剪结构在采动影响条件下的抗震性能分析研究[D].青岛:青岛理工大学,2010.

[73] 陈杨.煤矿采动与地震波耦合作用下建筑物损伤分析[J].煤炭技术,2018,37(2):173-175.

[74] 吴艳霞.青岛地铁隧道施工引起地面沉降对建筑物影响规律与防治研究[D].青岛:青岛理工大学,2012.

[75] 李志永.高层建筑下伏采空区注浆治理关键技术研究[D].徐州:中国矿业大学,2020.

[76] 魏帅颖.老采空区残余变形对新建建筑物安全影响的研究[D].北京:北方工业大学,2018.

[77] 周桂林.新建建筑荷载下采空区地基稳定性评价与分析[J].华北科技学院学报,2017,14(2):23-27.

[78] 庞学栋.采空区处置后建筑结构地震响应数值研究[D].北京:中国地质大学,2016.

[79] 徐超,胡秋祥,石磊,等.钟家山煤矿区采煤沉陷发育特征及发展趋势分析[J].

中国煤炭地质,2019,31(1):13-16.

[80] 周鹏程. 采煤沉陷区框架铁路桥交替加高技术研究[D]. 徐州:中国矿业大学,2019.

[81] 侯建斌. 煤炭开采沉陷区房屋裂缝特征与成因分析[J]. 山西煤炭,2019,39(2):23-26.

[82] Jinman Z, Kun Z, Jiewei L, et al. Simulation Test for Evolution Laws of Tensile Fractures in a Coal Mining Area[J]. Meteorological and Environmental Research, 2018, 9(4): 85-88..

[83] Li S, Sun Z. Impact of reclamation in coal mining subsidence area on urban spatial expansion of Huaibei City[J]. Asian Agricultural Research, 2018, 10(1812 -2019-253): 42-49.

[84] Hou D, Li D, Xu G, et al. Superposition model for analyzing the dynamic ground subsidence in mining area of thick loose layer[J]. International Journal of Mining Science and Technology, 2018, 28(4): 663-668.

[85] 国家安全监管总局,国家煤矿安监局,国家能源局,等. 建筑物、水体、铁路及主要井巷煤柱留设与压煤开采规范[M].北京:煤炭工业出版社,2017.

[86] 魏见海,莫天健,滕金勇.某公路采空区地表变形特征及稳定性评价分析[J].西部交通科技,2018(6):34-37.

[87] 孙富强. 山区煤矿老采空区地表残余移动变形预测模型研究[D].徐州:江苏师范大学,2018.

[88] 周祺超. 基于InSAR的老采空区地表变形监测与分析[D].西安:西安科技大学,2017.

[89] 刘炜. 舒兰市东富村采空区地表沉降变形研究[D].长春:吉林大学,2017.

[90] 韩丹. 东峰煤矿采空区地表移动变形分析[D].西安:西安科技大学,2017.

[91] 韩科明,李凤明,谭勇强,等.浅部老采空区地表建设可行性评价[J].煤矿开采,2018,23(5):77-82.

[92] 王启春,郭广礼.村庄下厚煤层综合机械化矸石充填开采地表沉陷与变形分析[J].煤矿安全,2020,51(1):222-228.

[93] 金卓,张自宾,陈朋.基于点云特征线提取的开采沉陷区建筑物倾斜测量[J].金属矿山,2019(10):178-182.

[94] 刘贵.采煤沉陷区地面塌陷原因及塌陷坑附近房屋居住安全分析[J].煤炭工程,2019,51(8):145-148.

[95] Diao X, Wu K, Zhou D, et al. Combining subsidence theory and slope stability analysis method for building damage assessment in mountainous mining subsid-

ence regions[J]. PloS one,2019,14(2):1124-1130.

[96] Falorni G,Del Conte S,Bellotti F,et al. InSAR monitoring of subsidence induced by underground mining operations[J]. Mining Engineering,2019,71(12):1147-1154.

[97] 周颖,吕西林.建筑结构振动台模型试验方法与技术[M].北京:科学出版社,2016.

[98] 张敏政,孟庆利,刘晓明.建筑结构的地震模拟试验研究[J].工程抗震,2003(4):31-35.

[99] 张敏政.地震模拟实验中相似律应用的若干问题[J].地震工程与工程振动,1997(2):52-58.

[100] 韩芳.开采沉陷对地表构筑物的影响分析[D].太原:太原理工大学,2015.

[101] 姚文华.开采沉陷对地表建筑物的损坏评价研究[D].太原:太原理工大学,2013.

[102] 刘书贤,魏晓刚,张弛,等.煤矿多煤层重复采动所致地表移动与建筑损坏分析[J].中国安全科学学报,2014,24(3):59-65.

[103] Aldaikh H,Alexander N A,Ibraim E,et al. Shake table testing of the dynamic interaction between two and three adjacent buildings (SSSI)[J]. Soil Dynamics and Earthquake Engineering,2016,47(9):81-89.

[104] Du Y F,Wang S L. Shaking Table Test of High Performance RAC Frame Structure under Rare Earthquake[P]. Proceedings of the 3rd International Conference on Mechatronics,Robotics and Automation,2015.

[105] 孟庆利,黄思凝,郭迅.钢筋混凝土结构小比例尺模型的相似性研究[J].世界地震工程,2008,24(4):1-6.

[106] 黄思凝,郭迅,张敏政,等.钢筋混凝土结构小比例尺模型设计方法及相似性研究[J].土木工程学报,2012,45(7):31-38.

[107] 沈德建,吕西林.模型试验的微粒混凝土力学性能试验研究[J].土木工程学报,2010,43(10):14-21.

[108] 黄思凝.钢筋混凝土结构小比例尺模型相似性研究[D].哈尔滨:中国地震局工程力学研究所,2008.

[109] 沈朝勇,周福霖,黄襄云,等.动力试验模型用微粒混凝土的初步试验研究[J].广州大学学报(自然科学版),2005(3):249-253.

[110] 杨政,廖红建,楼康禹.微粒混凝土受压应力应变全曲线试验研究[J].工程力学,2002(2):92-96.

[111] 周颖,卢文胜,吕西林.模拟地震振动台模型实用设计方法[J].结构工程师,

2003,3(3):30-33+38.

[112] Li S, Ren D, Gao Y, et al. Methodologies of electromagnetic shaking table seismic test on reduced scale specimen of building structures[J]. Sensors & Transducers, 2014, 182(11): 194.

[113] Hwang J H, Joo B C, Yoo Y J, et al. Damage detection of a prototype building structure under shaking table testing using outlier analysis[C]//Health Monitoring of Structural and Biological Systems 2013. SPIE, 2013, 8695: 952 -957.

[114] Fiorino L, Bucciero B, Landolfo R. Shake table tests of three storey cold-formed steel structures with strap-braced walls[J]. Bulletin of Earthquake Engineering, 2019, 17(7): 4217-4245.

[115] Shin E C, Shin H S, Park J J. Numerical simulation and shaking table test of geotextile bag retaining wall structure[J]. Environmental Earth Sciences, 2019, 78(16): 1-17.

[116] Deng M, Dong Z, Wang X, et al. Shaking table tests of a half-scale 2-storey URM building retrofitted with a high ductility fibre reinforced concrete overlay system[J]. Engineering Structures, 2019, 197: 109424.

[117] 李英民,姜宝龙,张梦玲,等.重庆高科太阳座大厦模型结构振动台试验研究[J].建筑结构学报,2019,40(3):142-151.

[118] 杨旭东.振动台模型试验若干问题的研究[D].北京:中国建筑科学研究院,2005.

[119] 孟庆利,林德全,张敏政.三维隔震系统振动台实验研究[J].地震工程与工程振动,2007(3):116-120.

[120] 张文元,张敏政,李东伟.新型加劲软钢阻尼器性能与试验[J].哈尔滨工业大学学报,2008,40(12):1888-1894.

[121] 吕西林,沈德建.不同比例钢-混凝土混合结构高层建筑动力相似关系试验研究[J].地震工程与工程振动,2008(4):50-57.

[122] 齐虎,李云贵,吕西林.混凝土弹塑性损伤本构模型参数及其工程应用[J].浙江大学学报(工学版),2015,49(3):547-554+563.

[123] 吕西林,崔晔,刘兢兢.自复位钢筋混凝土框架结构振动台试验研究[J].建筑结构学报,2014,35(1):19-26.

[124] 周颖,吕西林,卢文胜.不同结构的振动台试验模型等效设计方法[J].结构工程师,2006(4):37-40.

[125] 沈德建,吕西林.地震模拟振动台及模型试验研究进展[J].结构工程师,2006

(6):55-58+63.

[126] 武敏刚,吕西林.混合结构振动台模型试验研究与计算分析[J].地震工程与工程振动,2004(6):103-108.

[127] 何志坚,王社良.多层简单框架结构振动台模型设计[J].振动与冲击,2013,32(15):100-105.

[128] 住房和城乡建设部标准定额研究所.建筑抗震试验规程(JGJ/T 101—2015)[S].北京:中国建筑工业出版社,2015.

[129] 陈绍杰,张立波,江宁,等.山东某煤矿老采空区上方大型工程建设案例[J].煤炭学报,2022,47(3):1017-1030.

[130] 韩丹.东峰煤矿采空区地表移动变形分析[D].西安:西安科技大学,2017.

[131] Deng P, Tai L, Wang H, et al. Theory Research and Practice of Structure Safety Measures and Deformation Prediction in Goaf[C]//2015 International Conference on Materials, Environmental and Biological Engineering. Atlantis Press, 2015: 184-187.

[132] Li M, Li A, Zhang J, et al. Effects of particle sizes on compressive deformation and particle breakage of gangue used for coal mine goaf backfill[J]. Powder Technology, 2020, 360: 493-502.

[133] Chun Z, Shihui P, Junzheng Z, et al. Analysis of slope deformation caused by subsidence of Goaf on Tonglushan ancient mine relics[J]. Geotechnical and Geological Engineering, 2019, 37(4): 2861-2871.

[134] Feng X, Zhang Q. The effect of backfilling materials on the deformation of coal and rock strata containing multiple goaf: A numerical study[J]. Minerals, 2018, 8(6): 224.

[135] 刘立忠.松散砂层煤矿采动区抗变形建筑试验研究[D].唐山:华北理工大学,2018.

[136] 何荣,王斌,杨文丽.矿区建筑物采动损害等级评定的灰色关联模型[J].河南理工大学学报(自然科学版),2016,35(4):482-486.

[137] Yenidogan C, Yokoyama R, Nagae T, et al. Shake table test of a full-scale four-story reinforced concrete structure and numerical representation of overall response with modified IMK model[J]. Bulletin of Earthquake Engineering, 2018, 16(5): 2087-2118.

[138] Lu W, Huang B, Chen S, et al. Shaking table test method of building curtain walls using floor capacity demand diagrams[J]. Bulletin of Earthquake Engineering, 2017, 15(8): 3185-3205.

[139] Fediuc D O, Budescu M, Fediuc V. Shaking Table Tests of a Base Isolated Structure with Multi-Stage System[J]. Buletinul Institutului Politehnic din Iasi. Sectia Constructii, Arhitectura, 2015, 61(3): 9.

[140] 住房和城乡建设部标准定额研究所. 建筑抗震设计规范(GB 50011—2010)[S]. 北京:中国建筑工业出版社,2016.

[141] 住房和城乡建设部标准定额研究所. 高层建筑混凝土结构技术规程(JGI—2010)[S]. 北京:中国建筑工业出版社,2010.

[142] 王丽娟. 结构动力时程分析地震波输入研究[D]. 乌鲁木齐:新疆大学,2013.

[143] 孙小云. 地震动持时特性及其对 RC 框架结构非线性地震响应影响研究[D]. 兰州:兰州理工大学,2017.

[144] 徐熙,蒲武川. 考虑地震动持时影响的非结构构件加速度响应预测[J]. 地震工程与工程振动,2019,39(3):230-237.

[145] 住房和城乡建设部标准定额研究所. 建筑结构荷载规范(GB 50009—2012)[S]. 北京:中国建筑工业出版社,2012.

[146] 刘雨青. 桥梁结构模态参数识别与应用研究[D]. 武汉:武汉理工大学,2005

[147] 王济,胡晓. MATLAB 在振动信号处理中的应用[M]. 北京:中国水利水电出版社,2006

[148] Ewins D J. Modal testing theory and practice [M]. Letchworth:Research studies press,1995.

[149] Di Zhang Q L W X, Li D F N. Improved Method and Application of EMD Endpoint Continuation Processing for Blasting Vibration Signals[J]. Journal of Beijing Institute of Technology, 2019, 3.

[150] Yang J,Li J B,Lin G. A simple aporoach to integration of acceleration data for dynamic soil-structure interaction analysis[J]. Soil dynamics and earthquake engineering,2006,26(8):725-734

[151] Peeters B, De Roeck G. Reference-based stochastic subspace identification for output-only modal analysis[J]. Mechanical systems and signal processing, 1999, 13(6): 855-878.

[152] 龚向伟,贺冉. 数字滤波技术在随机振动信号处理中的应用[J]. 湖南城市学院学报(自然科学版),2019,28(6):64-68.

[153] 吴明. 钢筋混凝土巨型框架结构振动台试验分析与研究[D]. 合肥:合肥工业大学,2015.

[154] 陆伟东. 基于 MATLAB 的地震模拟振台验的数据处理[J],南京工业大学学报.2011,33(6):1-4

[155] 蒋良潍,姚令侃,吴伟,等.传递函数分析在边坡振动台模型试验的应用探讨[J].岩土力学,2010,31(5):1368-1374.

[156] 盛谦,崔臻,刘加进,等.传递函数在地下工程地震响应研究中的应用[J].岩土力学,2012,33(8):2253-2258.

[157] Boashash B, Aïssa-El-Bey A, Al-Sa'd M F. Multisensor Time-Frequency Signal Processing MATLAB package：An analysis tool for multichannel non-stationary data[J]. SoftwareX, 2018，8：53-58.

[158] Bai C，Yun M X，Wang J M. Hazards of Environmental Disruption in Mine Goafs and Stability Evaluation in Gaofeng Mining Area[J]. Nature Environment & Pollution Technology, 2020，19(3).

[159] Pachideh G, Gholhaki M, Daryan A S. Analyzing the damage index of steel plate shear walls using pushover analysis[J]. Structures,2019,20(11):342-351.

[160] Vemuri J, Ehteshamuddin S, Ravula M, et al. Pushover analysis of soft brick unreinforced masonry walls using analytical and numerical approaches[J]. Materials Today：Proceedings, 2020，28：420-425..

[161] Zheng Z, Pan X, Bao X. Comparative Capacity Assessment of CFRP Retrofit Techniques for RC Frames with Masonry Infills Using Pushover Analysis[J]. Arabian Journal for Science and Engineering, 2019，44(5)：4597-4612.

[162] Liu Y, Kuang J S. Estimating seismic demands of singly symmetric buildings by spectrum-based pushover analysis. Bull Earthquake Eng[J]. 2019,17(5)：2093 – 2113.

[163] 李晓云,龚丽蓉.静力弹塑性分析方法在高层建筑结构设计中的应用[J].黑龙江科技信息,2017(1):221-222.

[164] Llanes-Tizoc M D, Reyes-Salazar A, Bojorquez E, et al. Local, story, and global ductility evaluation for complex 2D steel buildings：Pushover and dynamic analysis[J]. Applied Sciences, 2019, 9(1)：200.

[165] 薛建阳,戚亮杰,葛鸿鹏,等.仿古建筑钢框架结构拟动力试验及静力推覆分析[J].振动与冲击,2018,37(11):80-88.

[166] 徐琨鹏.地下结构拟静力抗震分析方法及推覆试验研究[D].哈尔滨:中国地震局工程力学研究所,2019.

[167] 曹胜涛,李志山,黄吉锋,等.建筑结构显式拟静力推覆分析方法研究[J].计算力学学报,2018,35(6):705-712.

[168] 肖成龙,张渊通,李啸岚,等.Push-over分析方法基本原理及在抗震分析中的

应用[J].山西建筑,2016,42(9):65-66.

[169] Soares D. Dynamic analysis of elastoplastic models considering combined formulations of the time-domain boundary element method[J]. Engineering Analysis with Boundary Elements,2015,18(4):55-67.

[170] Yang Z J,Yao F,Ooi E T,et al. A scaled boundary finite element formulation for dynamic elastoplastic analysis[J]. International Journal for Numerical Methods in Engineering,2019,45(4):457-461.

[171] Owatsiriwong A,Park K H. A BEM formulation for transient dynamic elastoplastic analysis via particular integrals[J]. International Journal of Solids and Structures,2007, 45(9):514-522.

[172] Li Q S,Chen J M. Nonlinear elastoplastic dynamic analysis of single-layer reticulated shells subjected to earthquake excitation[J]. Computers and Structures,2003,81(4):224-235.

[173] Hatzigeorgiou G D, Beskos D E. Dynamic elastoplastic analysis of 3-D structures by the domain/boundary element method[J]. Computers & structures, 2002, 80(3-4): 339-347.

[174] Telles J C F, Carrer J A M, Mansur W J. Transient dynamic elastoplastic analysis by the time-domain BEM formulation[J]. Engineering analysis with boundary elements, 1999, 23(5-6): 479-486.

[175] 张慎,程明,王杰,等.基于多尺度模型的襄阳东津站铸钢节点动力弹塑性分析[J].钢结构(中英文),2019,34(10):36-42.

[176] 薛建阳,翟磊,赵轩,等.传统风格建筑RC-CFST组合框架拟动力试验及弹塑性地震反应分析[J].土木工程学报,2019,52(6):24-34.

[177] 程庆乐,许镇,顾栋炼,等.基于城市抗震弹塑性分析的我国主要城市建筑地震风险评估[J].地震工程学报,2019,41(2):299-306.

[178] 陆新征,程庆乐,等.基于动力弹塑性时程分析和实测地面运动的地震破坏力速报系统[J].自然灾害学报,2019,28(3):34-43.

[179] 黄超群.三维地震作用下古建筑木结构地震响应与隔震控制研究[D].广州:广州大学,2018.

[180] 芦世超. RC框架结构基于抗震性能的动力响应和可靠度分析[D].南昌:南昌航空大学,2018.

[181] 胡乐乐.钢管再生混凝土框架体系抗震性能的研究[D].合肥:合肥工业大学,2018.

[182] 马东辉,王雷明,王威.建筑结构地震倒塌过程模拟与瓦砾堆积分布研究[J].

中国安全科学学报,2016,26(7):29-34.

[183] Majidi L, Usefi N, Abbasnia R. Numerical study of RC beams under various loading rates with LS-DYNA[J]. Journal of Central South University, 2018, 25(5): 1226-1239.

[184] 刘成清,何斌,陈驰,等. ANSYS/LS-DYNA 工程结构抗震、抗撞击与抗连续倒塌分析[M]. 北京:中国建筑工业出版社,2014.

[185] 陈林,颜泽峰. LS-DYNA 中混凝土损伤模型(K&C)的基本力学行为分析[J]. 湖南工程学院学报(自然科学版),2017,27(2):67-70.

[186] Rust W, Schweizerhof K. Finite element limit load analysis of thin-walled structures by ANSYS (implicit), LS-DYNA (explicit) and in combination[J]. Thin-walled structures, 2003, 41(2-3): 227-244.

[187] 付苗. 基于 LS-DYNA 对钢筋混凝土烟囱爆破拆除倾覆过程数值模拟研究[J]. 佳木斯大学学报(自然科学版),2016,34(2):168-170.

[188] 张文宽. 基于 ANSYS/LS-DYNA 的钢筋混凝土墙防爆性能数值研究[D]. 湘潭:湘潭大学,2018.

[189] 廖振鹏. 工程波动理论导论[M]. 北京:科学出版社,2002.

[190] 李文进. 煤矿采空区地震反射特征研究[D]. 北京:中国地质大学,2019.

[191] 方荣耀. 煤矿采空区的地震响应特征分析[D]. 太原:太原理工大学,2018.

[192] 陈阳洋. 煤矿采空区的地震动力响应特性分析[D]. 济南:山东科技大学,2017.

[193] 周子龙,刘富,王海泉,等. 地震作用下采空区群围岩动力响应特征研究[J]. 中国安全科学学报,2018,28(11):110-115.

[194] 张克绪,凌贤长,等. 岩土地震工程及工程振动[M]. 北京:科学出版社,2019.

[195] 朱龙. 考虑间隙的桩-土-结构动力相互作用数值分析模型研究[D]. 兰州:兰州交通大学,2016.

[196] 卢俊龙. 砖石古塔土-结构相互作用理论与应用研究[D]. 西安:西安建筑科技大学,2008.

[197] 白春,王来贵,刘书贤,等. 煤矿采动对 RC 框架结构抗震性能影响试验研究[J]. 中国安全科学学报,2021,31(9):174-183.

[198] 刘书贤,白春,魏晓刚,等. 土-结构相互作用对煤矿采动损伤建筑的抗震性能影响分析[J]. 地震研究,2015,38(2):272-279.

[199] 彭小波. 汶川地震强震动记录分析及应用[D]. 哈尔滨:中国地震局工程力学研究所,2011.

[200] 郑建军,廖永石,杜雷,等. 青海玉树地震民用建筑震害调查和分析[J]. 建筑

结构,2013,43(S1):1051-1054.

[201] 张磊.地震现场建筑物安全鉴定结构模型精细化研究及网络版系统框架设计[D].哈尔滨:中国地震局工程力学研究所,2016.

[202] 仇国栋,才仁昂布,杨青顺,等.玉树地震建筑震害分析[J].青海大学学报(自然科学版),2013,31(6):91-98.

[203] 夏坤.汶川地震黄土场地地震反应特征分析[D].哈尔滨:中国地震局工程力学研究所,2018.

[204] 刘晶波,杜义欣,闫秋实.粘弹性人工边界及地震动输入在通用有限元软件中的实现[A].中国土木工程学会、建设部工程质量安全监督与行业发展司.第三届全国防震减灾工程学术研讨会论文集[C].中国土木工程学会、建设部工程质量安全监督与行业发展司:2007,27,37-42.